縫紉新手
也能輕鬆學會唷！

縫紉新手
也能輕鬆學會唷！

手作人最愛の

35款機縫手作包

袋物製作基礎
完全收錄精華版！

CONTENTS

※★為作品難易度參考記號。
★…初級 ★★…中級 ★★★…高級

袋物製作基礎認知

從基本款袋物學會手作包基礎

嘗試製作各種不同款式的手作包吧！

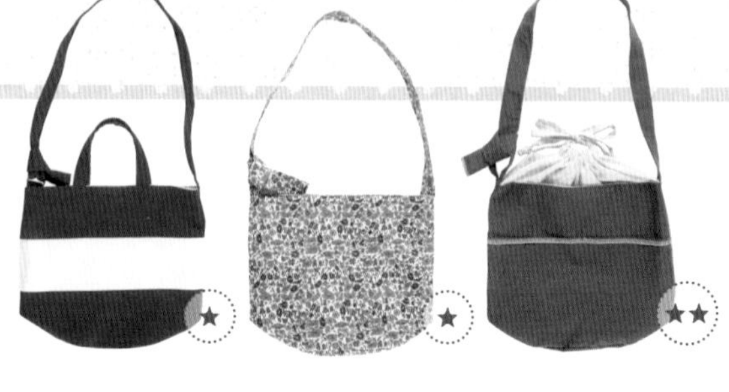

想一起帶出門的手作包與布小物

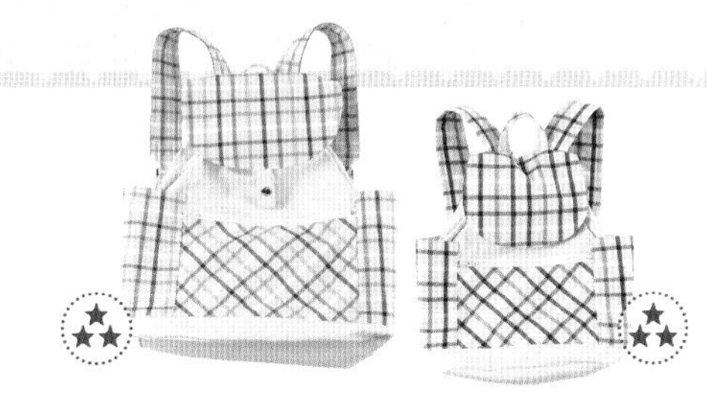

Column

附錄 原寸紙型

袋物的基礎知識

著手製作之前，先來認識下列袋物的款式、特色與各式各樣的提把種類。

方便使用的袋物種類

袋物依外型與用途不同可區分為各式各樣的類型。
只要認識以下各種包款的特色，就能快速找到想製作的包包唷！

托特包（Tote bag）

袋型設計的特色為上方的袋口敞開，並加上兩條提把。托特包的英文「Tote」即有「搬運」與「攜帶」的含意。

波士頓包（Boston bag）

1920年代波士頓大學的學生愛不釋手的包款。寬敞袋底設計，以拉鏈開合袋口，並附有兩條提把。

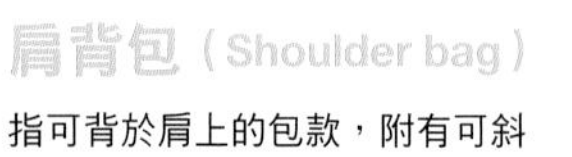

肩背包（Shoulder bag）

指可背於肩上的包款，附有可斜背使用的長背帶，以及短式手提把，是很實用的兩用包款。

後背包（Rucksack）

後背包的單字是由德文中表示背後意思的「Ruck」和表示袋子意思的「Sack」所組合而成的複合用語，指背於身後的袋物。

祖母包（Granny bag）

所謂的「Granny」是指像是祖母手中所提的手提包款。運用斜紋布條作為手提把，融合褶襉與抽縐的圓潤袋型為祖母包最大的特色。

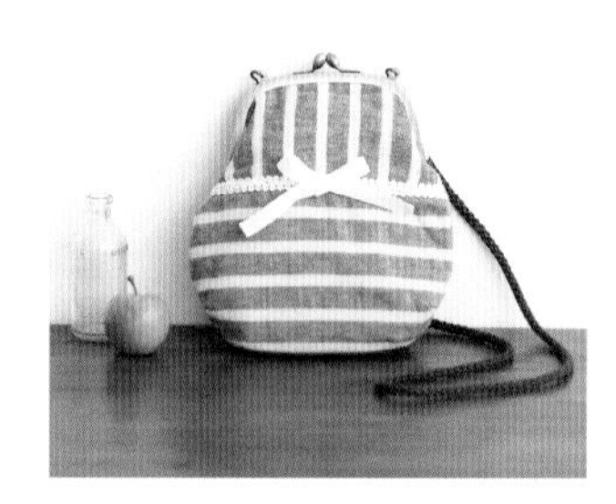

口金包（Gamaguchi bag）

袋口運用口金製作的包款。尺寸多樣，由零錢包至手提包，各種款式任君挑選。

購物包（Marche bag）

法文中，Marche是市場的意思，在這裡是指購物用的包包。購物包的素材種類繁多，包含布料、藤籃……等。

袋物的各部位名稱

製作過程中，會出現許多袋物的部位名稱。
為了使縫紉更加順利，一起先來認識以下的名稱唷！

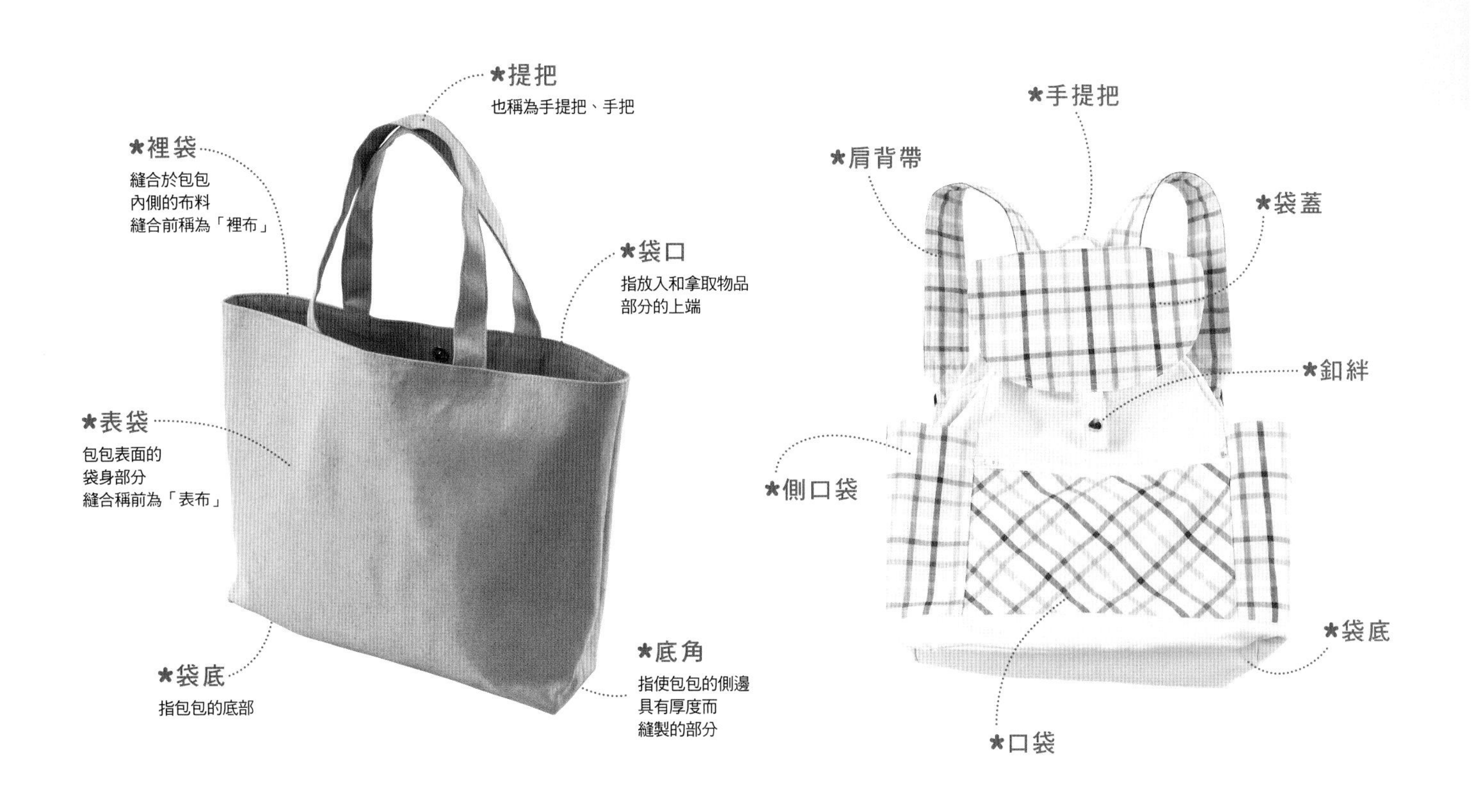

各式各樣的手提把

提把種類繁多，有各種不同的素材與造型。
依照想製作的包款，選擇適合的提把吧！

★皮革材質

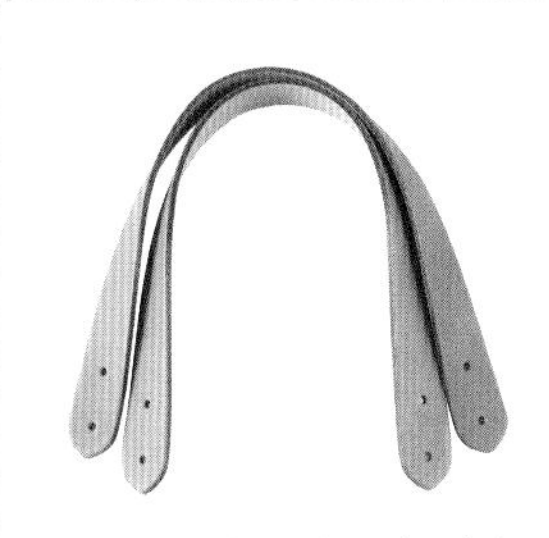

現成的真皮素材提把。市面上有以手縫固定於袋身的款式，也有運用鉚釘釦固定的提把……等種類多樣。

★木頭材質

也稱為木頭提把。組合方式為將布料穿過提把的環狀部分並縫合，或是將吊耳布穿過兩側與袋身縫合等。

★金屬材質

金屬製的鍊條提把。大多將一條金屬鍊固定於袋身左、右兩側使用，適合搭配較正式的包款。

★其他帶類材質

市面上有布製的布條、皮帶、壓克力素材等。運用剪刀裁剪所需的長度即可使用，相當方便。

提把提供／植村（株）

縫紉的基礎知識

以下是第一次接觸縫紉的初學者，
必須具備的布料與工具基礎知識。

適合用於製作袋物的布料

本單元介紹六款適合用於製作袋物的質料，
請依作品需求選用自己喜愛的布料吧！

帆布

以厚棉布或麻料為材質，粗線密集編織而成的堅固布料。號數越小厚度越厚，也有未經防水加工的帆布，使用的時間越長，越能夠展現出其獨特的風味。

亞麻布

以亞麻纖維作為原料所織成的布料。具有韌性且質地柔軟舒適，耐水性也相當好，有彩色亞麻布和印花款式等，種類相當豐富。

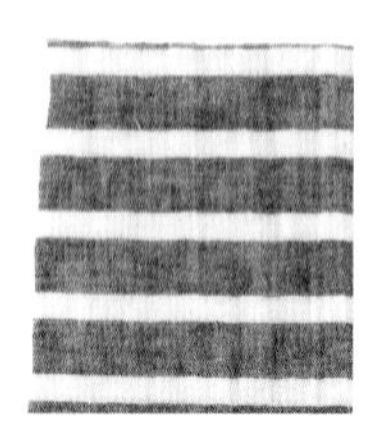

雙層紗

由兩片紗布組合而成的布料。觸感輕柔，有素色與印花款式等可供選擇。

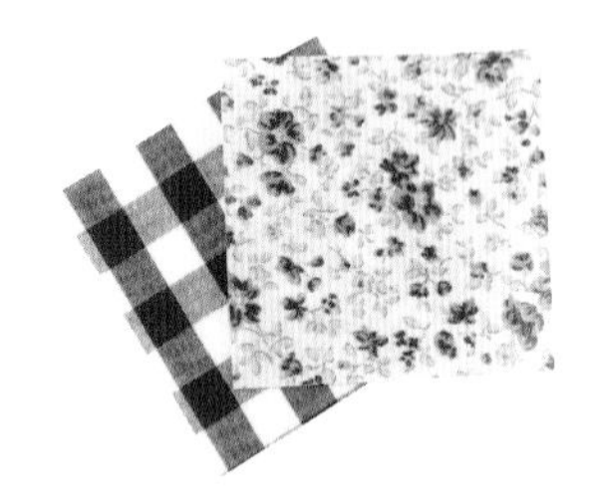

防水布

指將棉布等經過防水加工後的布料，也稱為塑膠布料或塗層布料，有亮面款與霧面款可供選擇。

羊毛布

由羊毛製作的織線所織成的布料總稱。可細分為毛呢（tweed）和法蘭絨等種類，有薄質、中厚質與厚質……等不同厚度。

※羊毛素材的熨燙方式與棉麻質料不同，必須特別注意。

薄棉布

以平織法織成，如絲綢般的輕柔度和經過光澤處理後的上等薄布料。由LIBERTY公司所生產的TANA LAWN相當知名。

Point 1 整布 於店內所販售的布料，有時會有布紋歪斜的情形，購買後請自行以熨斗整燙。

★浸濕
將布料以等寬摺疊後，浸泡於充足的水中約一小時。若是羊毛布料，則使用噴霧瓶使布料含有水分。

★陰乾
將布料輕輕擰乾，整理布紋後陰乾至半乾燥的程度。羊毛布料則放入塑膠袋內約一天備用。

★整理布紋
以手輕拉整理布紋，使布紋呈直角狀態。

★熨斗整燙
沿著布紋，由布料的背面熨燙，整理布紋。

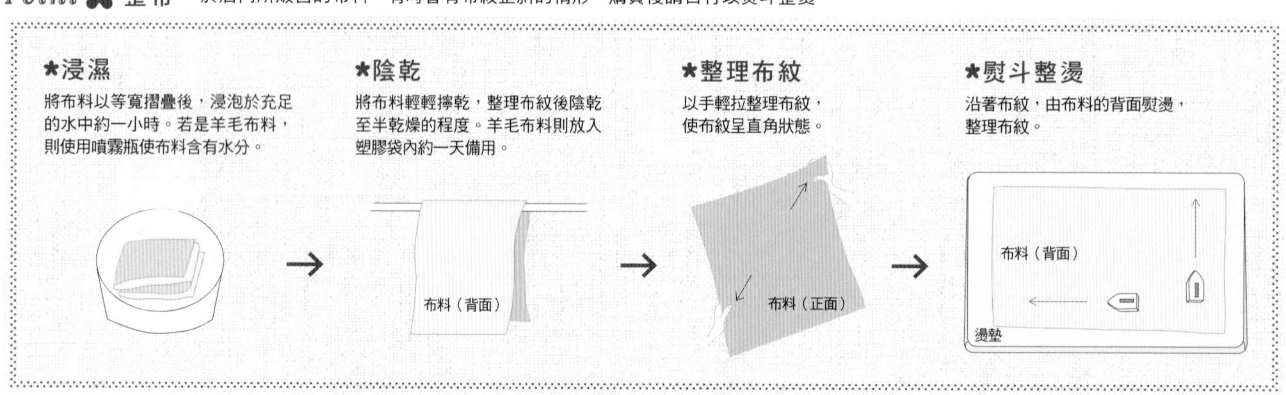

縫紉必備工具

縫紉過程中會使用到各式各樣的工具。
在此介紹初學者必備的縫紉工具種類。

★縫紉機＆車針

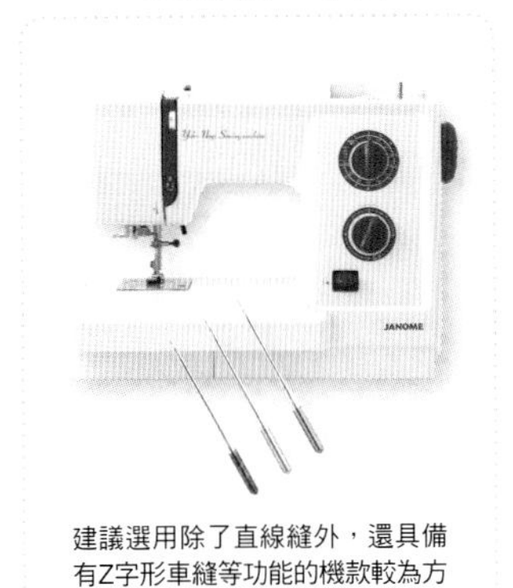

建議選用除了直線縫外，還具備有Z字形車縫等功能的機款較為方便，並準備替換用的車針。

★車縫線＆手縫線

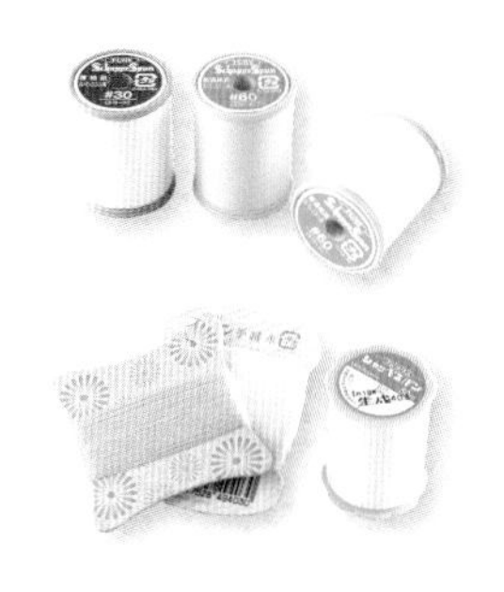

縫線可分為車縫線與手縫線，請依用途分開使用。

★手縫針

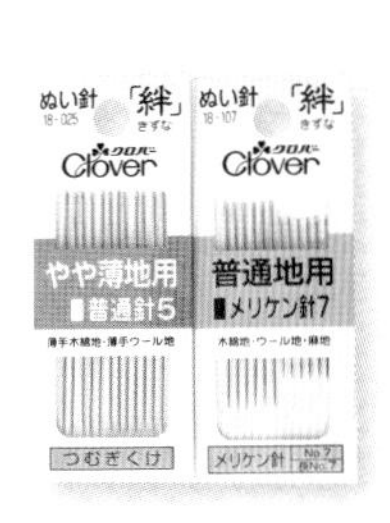

手縫所使用的針。數字越小則縫針越粗。

★珠針

縫合兩片以上的布片時，為了避免布片滑動，用於固定的針種。

★布剪

裁剪布料時使用的專用剪刀。若用於剪紙或裁剪其他物品，則會造成布剪損傷，須特別注意。

★線剪

用於剪斷縫線的小剪刀。

★拆線器

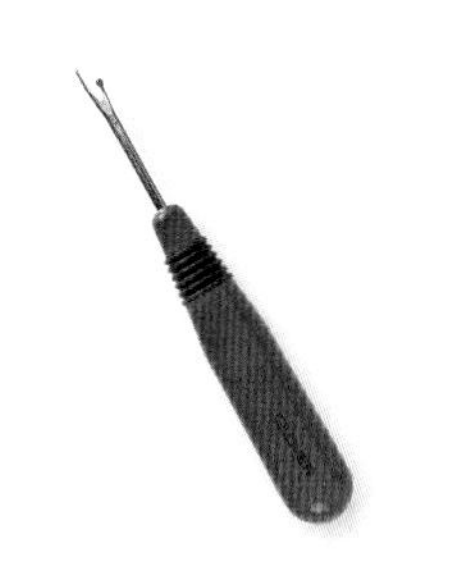

前端呈U字形，滑入針趾內即可割斷縫線，相當方便。

★尖錐

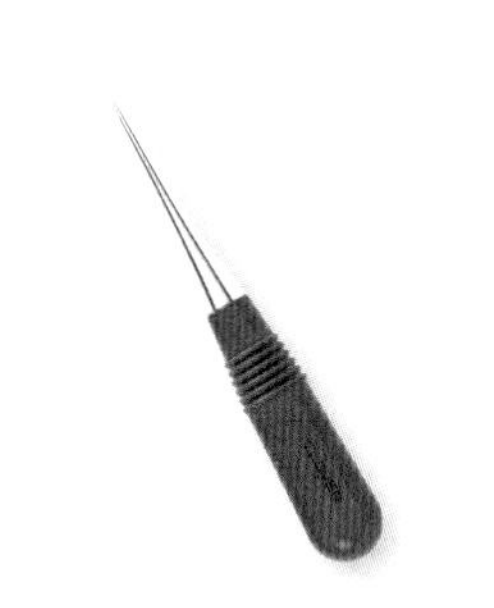

前端尖銳處可用於整理布角形狀，或機縫時輔助送布。

★熨斗＆燙墊

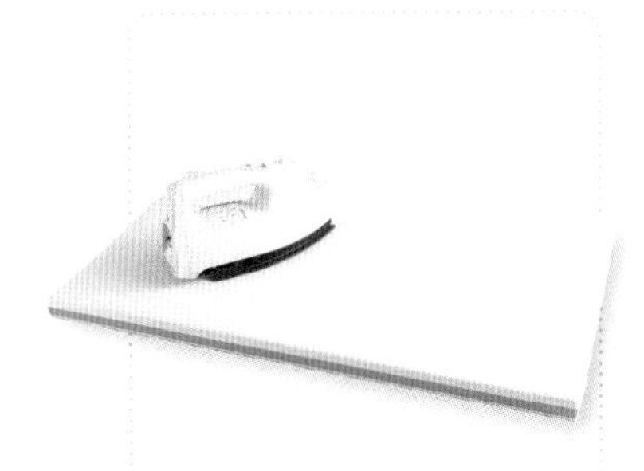

熨燙布料或需要將縫份燙開時使用，是製作作品時不可或缺的重要工具。

★尺

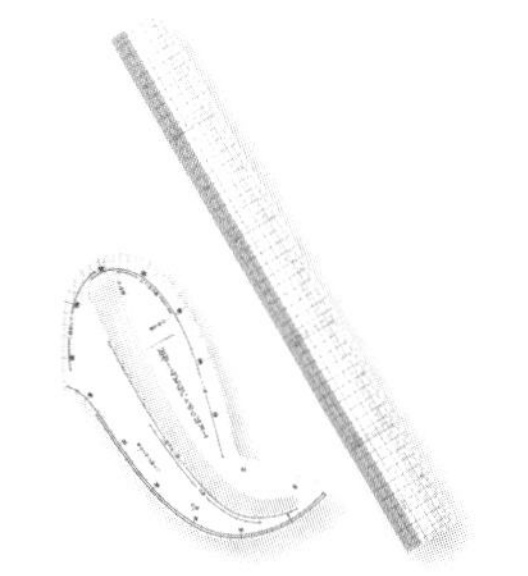

描繪紙型或測量布料時必備的工具。具有方格紋的直尺使用更是方便。

★白色牛皮紙

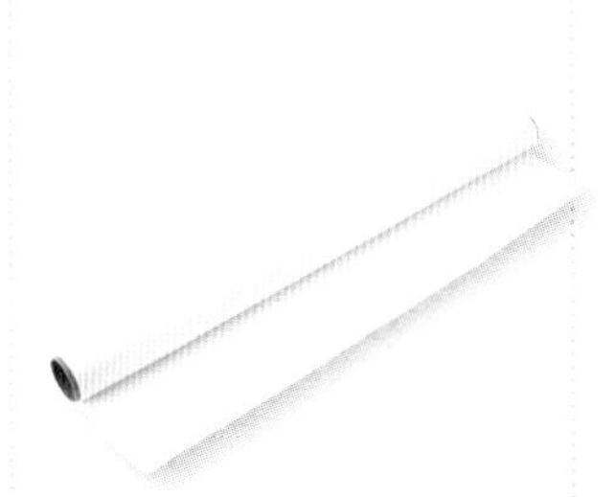

厚度薄可透光的紙，描繪原寸紙型時使用。

★記號筆

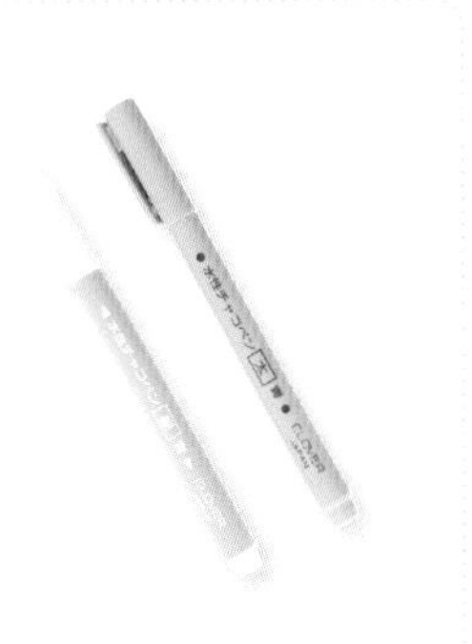

於布料上描繪記號時使用。種類豐富，有遇水即會消失的水消筆……等款式可供選擇。

工具（縫紉機、熨斗、燙墊、曲線尺除外）提供／Clover（株）　線材提供／（株）FUJIX

縫紉前的準備工作

了解基礎知識後，接著一起來學習布料、線材、縫針與描繪紙型等準備工作吧！

關於布料＆線材＆縫針

為了能夠縫製出完美的作品，必須先了解布料、線材、縫針，以及布料厚薄與針線的關係、還有縫線的狀態。

關於布料

請記得裁布時會出現的布紋方向和部位名稱。

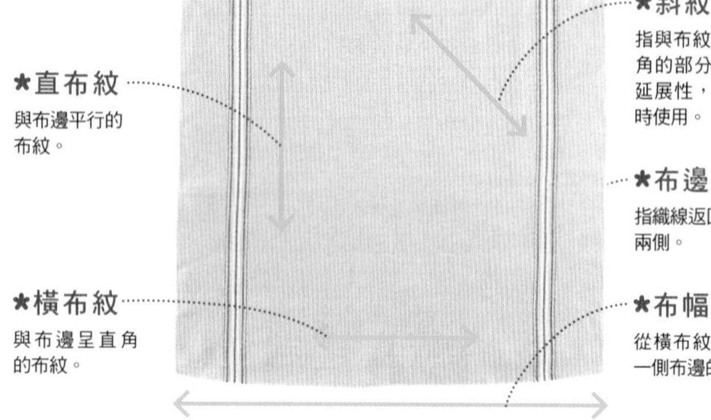

★直布紋
與布邊平行的布紋。

★橫布紋
與布邊呈直角的布紋。

★斜紋布條
指與布紋呈現45度斜角的部分。因為具有延展性，故常於滾邊時使用。

★布邊
指織線返回的布料的兩側。

★布幅寬
從橫布紋的布邊至另一側布邊的寬度。

關於線材

可分為車縫線與手縫線，請依用途選擇適合的線材。

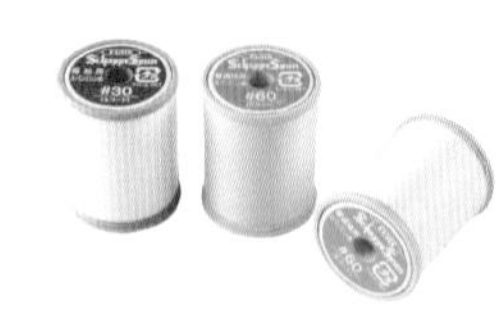

★車縫線
運用縫紉機車縫時使用的線材。依布料厚薄度不同，搭配的車縫線粗細也會改變。

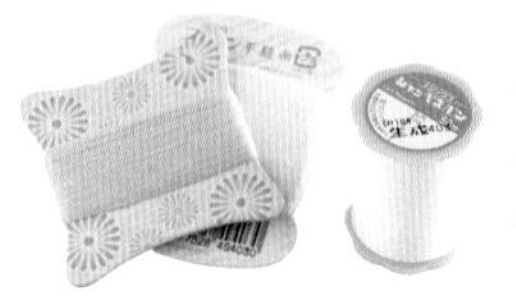

★手縫線
手縫或固定鈕釦的時候，所使用的堅韌的線材。

縫針與線材的關係

請依布料的厚度和素材，選擇使用的針線。

布料	車針	車線
薄質布料（紗布、薄棉布等）	7號・9號	90番・60番
一般質布料（棉布、亞麻布等）	9號・11號	60番
厚質布料（帆布等）	11號・14號	60番・30番

關於縫線的狀態

若縫線的狀態不佳，則會導致布料緊縮或鬆弛。請將縫線調整為上線和下線平均的正確狀態。

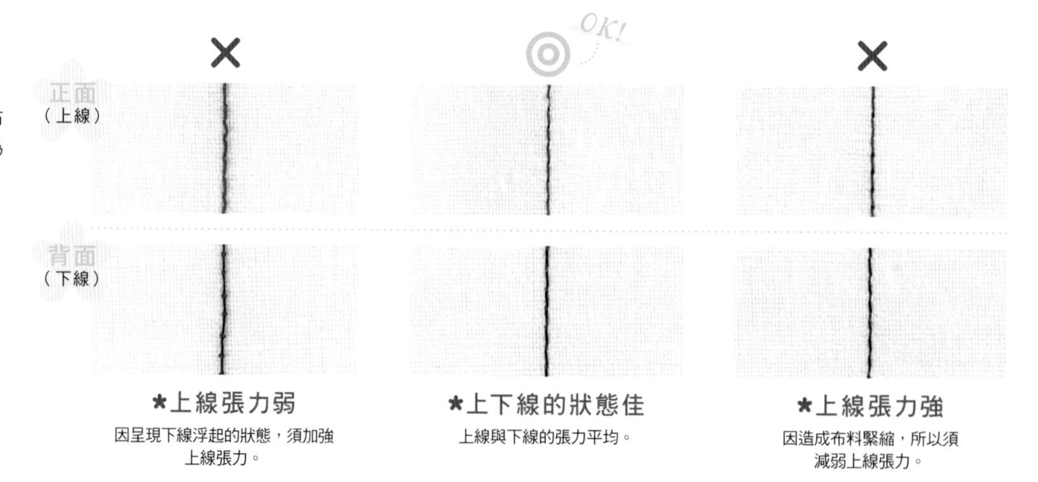

★上線張力弱
因呈現下線浮起的狀態，須加強上線張力。

★上下線的狀態佳
上線與下線的張力平均。

★上線張力強
因造成布料緊縮，所以須減弱上線張力。

原寸紙型的使用方法

請使用書中附錄的紙型製作作品。
紙型的使用方式是否正確會影響作品的完成度。

如何運用原寸紙型

在原寸紙型中，因重疊著許多作品的線條，所以須將想要使用的紙型描繪至白色牛皮紙（可透視下方線條的紙材）上使用。另外，因以直線製作的作品和配件並無紙型，所以請參考裁布圖的尺寸，直接於布料上描繪線條，並裁剪使用。在作品製作方法的頁面中，也記載著紙型的刊載頁面與編號，請確認想使用的部分再進行描繪。

Point 2 認識線條與記號

每一個記號都是製作方法的重點，請記得描繪於紙型上唷！

★布紋線
與布邊平行的直布紋。

★合印記號
疊合兩片以上的布片時，為了避免布片歪斜的對齊記號。

★鈕釦
固定鈕釦的位置。

★褶襉
將線和線重疊縫合，使布料呈立體狀的部分。

★完成線
實際作品完成的線條，也稱為完成品線。

★摺雙
左、右對摺後，對稱的地方。

★抽縐褶
進行粗針趾的車縫後，抽線縮緊的地方。

★摺線
表示布料翻摺位置的線。

描繪原寸紙型

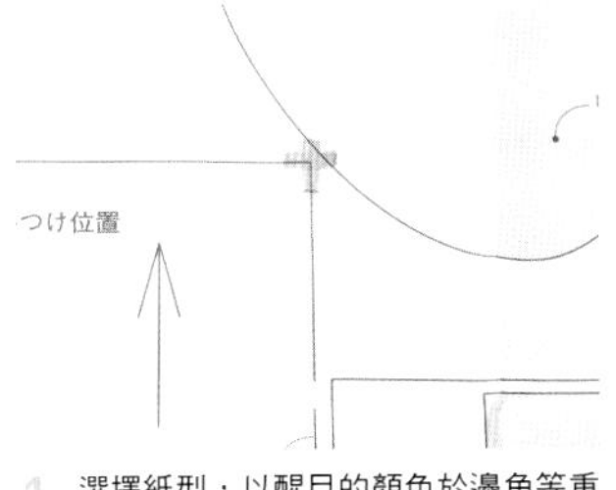

1 選擇紙型，以醒目的顏色於邊角等重點處製作記號。

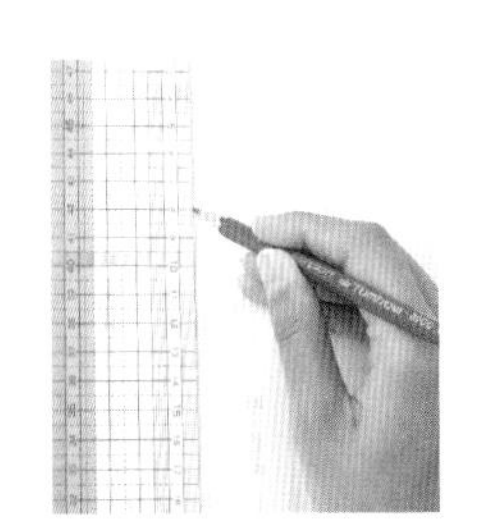

2 將白色牛皮紙疊放於紙型上方，注意避免紙張滑動，並以尺描繪輪廓。

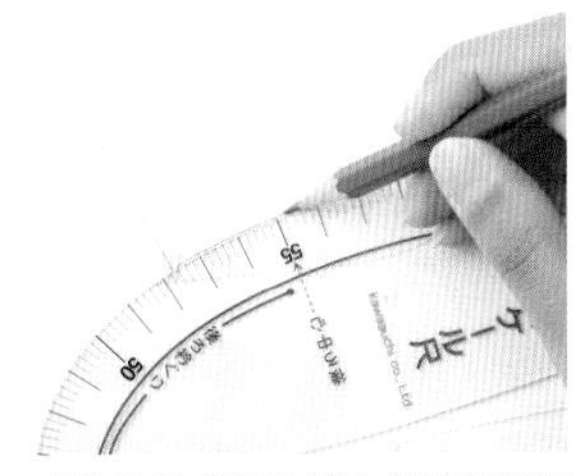

3 曲線部分可運用曲線尺或是將直線尺稍微移動角度描繪。

4 繪製布紋線、合印記號等，並標註部位名稱。

外加縫份 ※尺寸請參考裁布圖

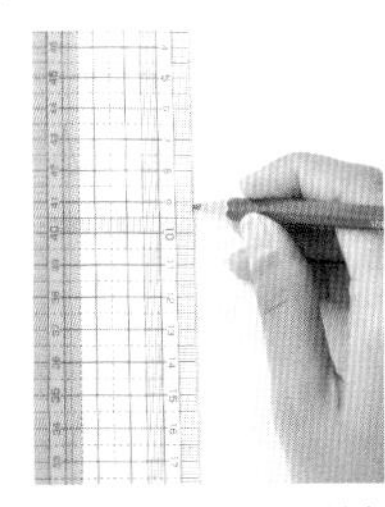

1 直線部分：將方格尺的縫份寬度對齊完成線，並描繪線條。

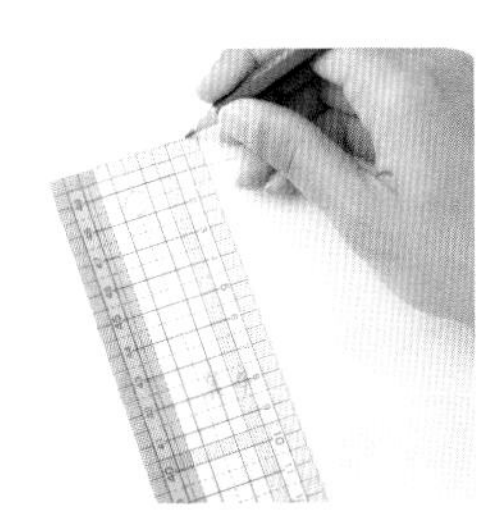

2 曲線部分：則運用尺以直角測量縫份的寬度，並同時標註記號點。

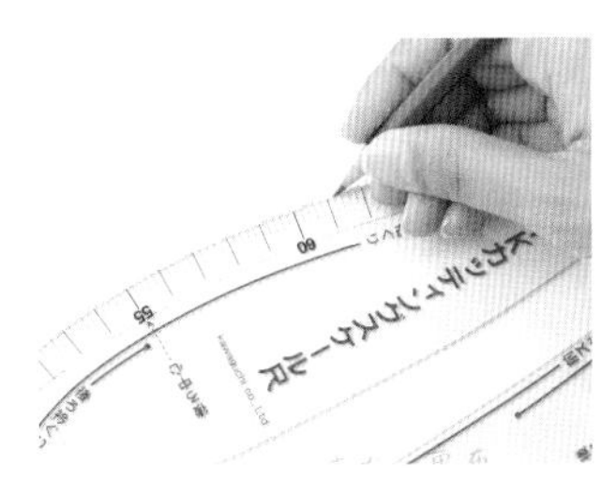

3 將步驟2標註的記號，以曲線尺連接。

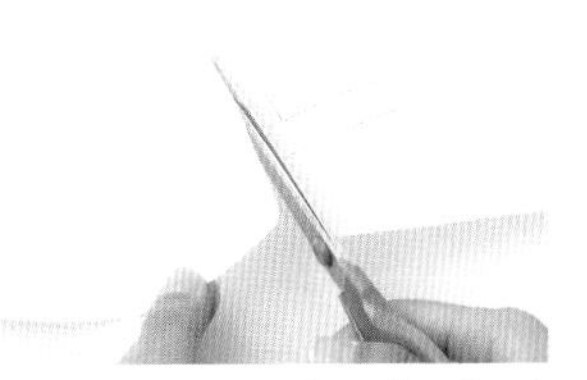

4 完成加上縫份後的紙型，將此剪下後使用。

關於布料的裁剪

使用原寸紙型時，請記住直線裁剪的裁布方法。
運用花紋布料時，必須注意花紋對齊的部分。

使用原寸紙型時

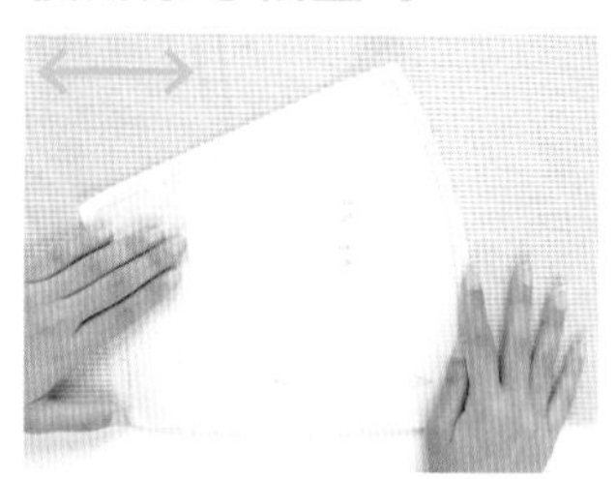

1 對齊布紋，將紙型置於布料上。

2 使用珠針以稍微挑起布料的方式固定紙型。

3 從布料的邊緣開始，以布剪裁剪布料。只須將布剪的下刃貼齊工作檯面，即可裁剪出整齊的形狀。

直線裁剪時

1 以包含縫份後的尺寸，運用記號筆於布料上繪製記號。由於布邊的布紋彎曲，所以在無特別指定的情況下，請避免運用布邊。

2 以布剪由布邊沿著記號線裁剪。

Point 3 對齊花紋

使用格紋等花紋布料時，須特別注意對齊花紋。若能夠將側邊縫線處的花紋確實對齊，將使作品完成度大大提升。所以使用須對齊花紋的布料時，請購買所需布料長度+10%後的尺寸。

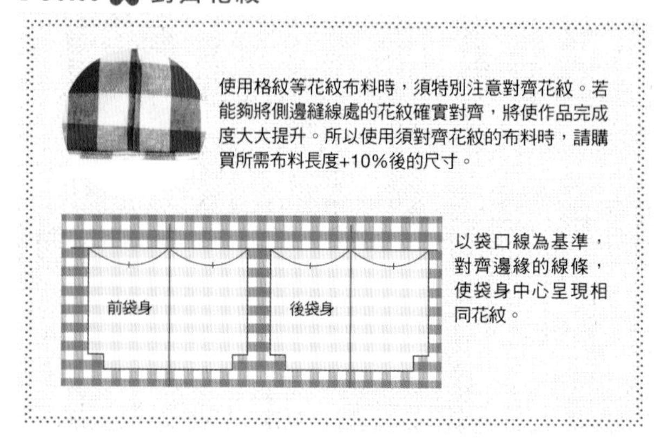

以袋口線為基準，對齊邊緣的線條，使袋身中心呈現相同花紋。

標註記號點

想製作出完美的作品，標示記號是重要的作業之一。
為了防止布料產生歪斜的情形，請確實標註記號唷！

★記號筆

水性的記號筆，只要經過蒸氣熨斗熨燙，即可消除記號線。

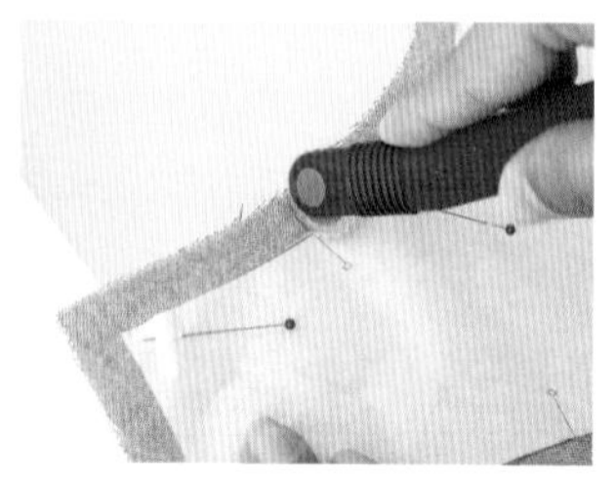

★轉印紙

將轉印紙夾入紙型與布料之間，以點線器製作記號。

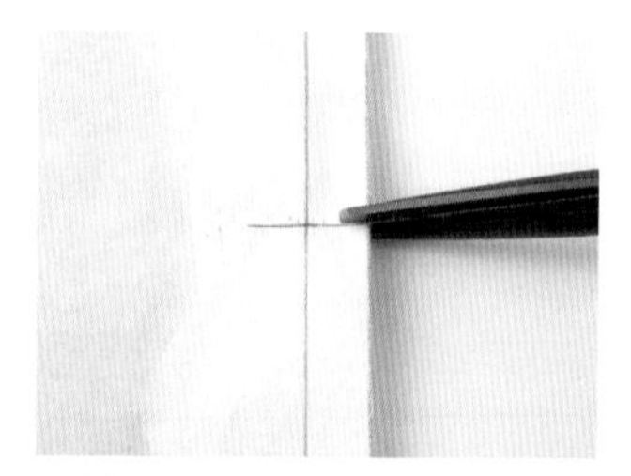

★牙口

在有合印記號等位置的縫份上剪出0.2cm的牙口作為記號。

關於布襯

藉由熨燙布襯，可加強布料強度、避免變形，並且使布料平整，進而製作出美觀的作品。
請於指定位置熨燙布襯。

布襯的種類

★棉質布襯

棉質素材等織成的襯布背面含膠，具有容易與布料黏合的質地。被廣泛的運用於袋物與洋裁製作。

★紙襯

非編織纖維，而是將纖維交錯成薄片狀，於布料上並無布紋，故適合用於袋物或帽子的製作。

布襯的熨燙方式

1 裁剪一片比將燙襯的布料稍大一些的布襯（粗裁）後，疊放於布料背面，並修剪為與布料相同尺寸。

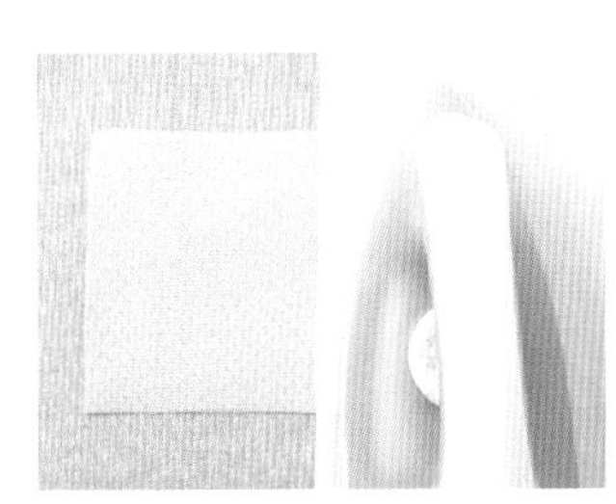

2 於布料上墊上一片襯布，以熨斗平均施力壓燙黏合布襯。（此時避免滑動熨斗或用力來回摩擦）。

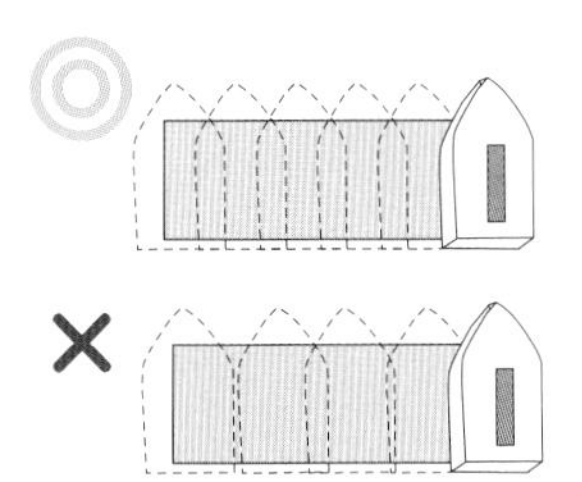

若出現縫隙，布襯會因無法黏合而浮起，使用熨斗壓燙時必須以無縫隙的方式，由上方施以身體的重量加壓。熨燙後靜置至完全冷卻才可進行縫製。

關於斜紋布條

斜紋布條是指依斜紋方向裁剪的布條。
而將斜紋布兩側摺入後則稱為滾邊條。

斜紋布條的製作方法

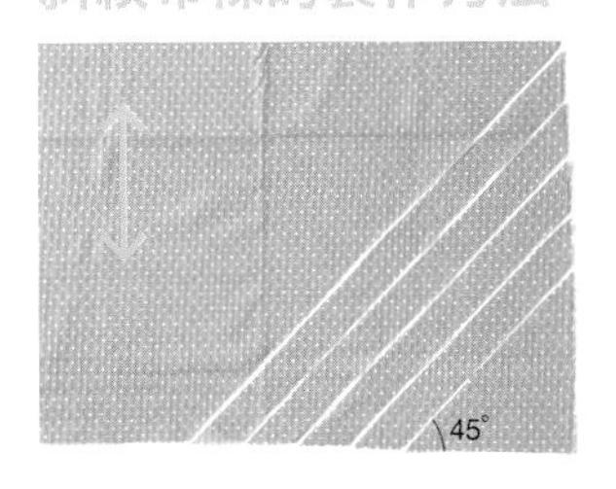

1 描繪與布紋呈45度角的斜線，平行的畫出數道線條，進行裁剪。

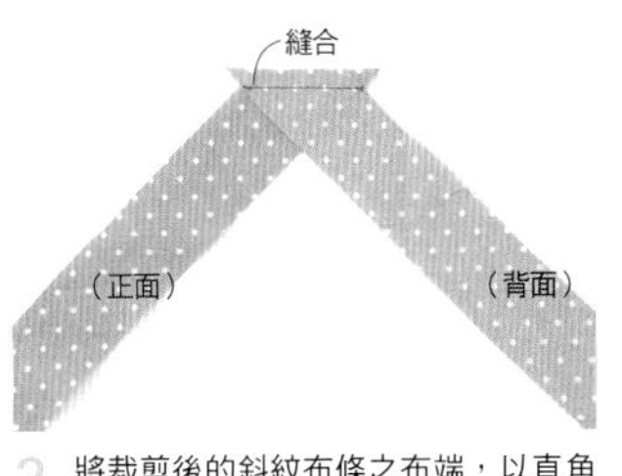

2 將裁剪後的斜紋布條之布端，以直角正面相對重疊並縫合。

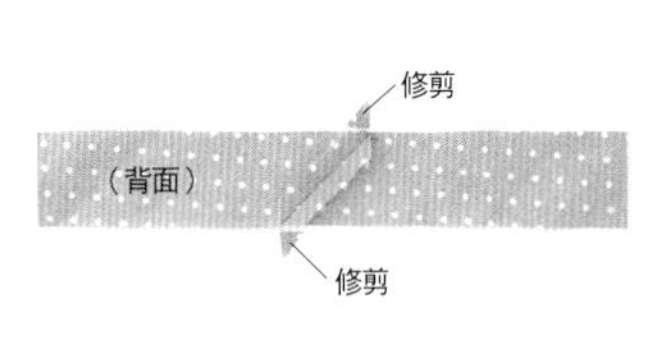

3 燙開縫份，修剪多餘布角。

4 完成斜紋布條的製作。

滾邊條的製作方法

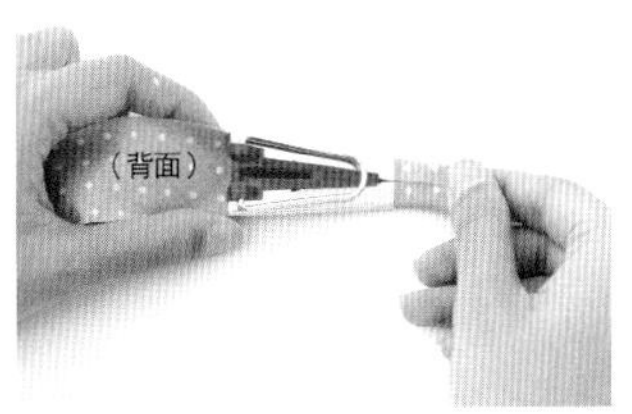

1 將斜紋布條背面朝上，穿入滾邊器中，並拉出布端。

2 以手輕拉滾邊器拉柄向後移動，並慢慢熨燙由前方滑出之斜紋布條。

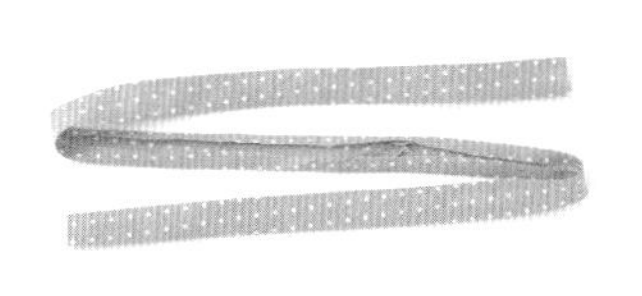

3 完成滾邊條製作（若不使用滾邊器製作，則須先測量寬度後，再以熨斗摺燙）。

★滾邊輔助器

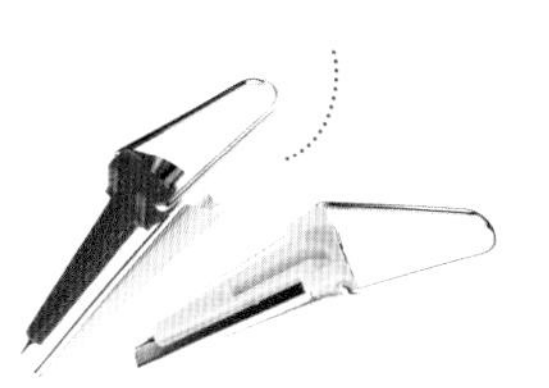

只需將斜紋布條穿入滾邊輔助器，即可輕鬆製作滾邊條。
※關於市售的滾邊條請參考P.46。

縫紉基礎必學
★超方便★

五金釦類的使用方法

五金釦類可用於袋口、安裝提把或作為裝飾，在袋物製作過程中是不可或缺的角色唷！

磁釦

（背面）
墊片

1 將墊片置於布料上，於腳釘位置製作記號。

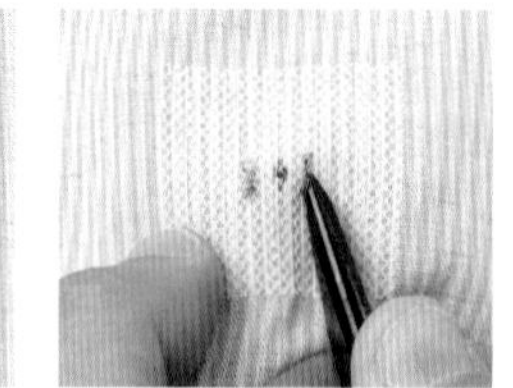

2 以剪刀剪出牙口。

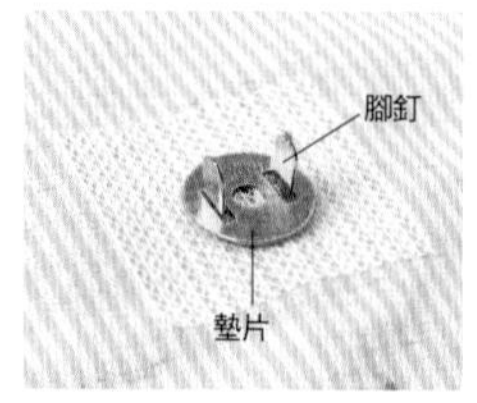

3 將磁釦腳釘從正面穿入，並套入墊片。

4 以尖嘴鉗壓平腳釘。

5 磁釦安裝完成。

四合釦

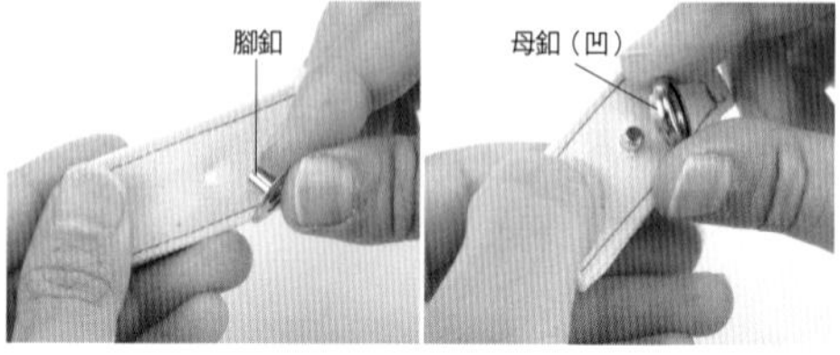

1 將零件依朝上的腳釦、布料、公釦（凸）或母釦（凹）之順序疊放。

2 以鐵鎚敲擊打具固定。須使腳釦完全彎曲。

3 四合釦安裝完成。

雞眼釦

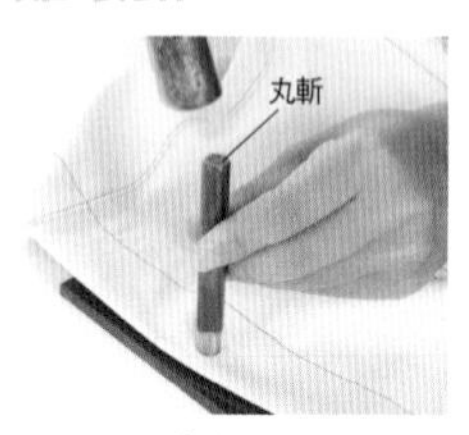

1 運用丸斬於布料上鑿出雞眼孔。

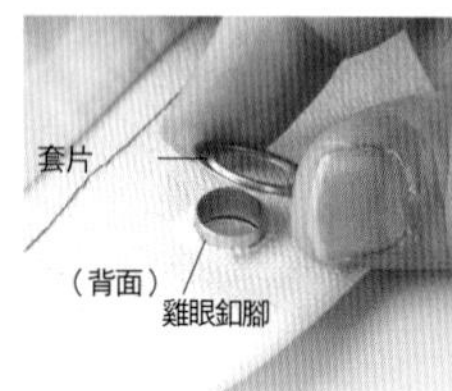

2 由正面插入雞眼釦腳，從背面裝上套片。

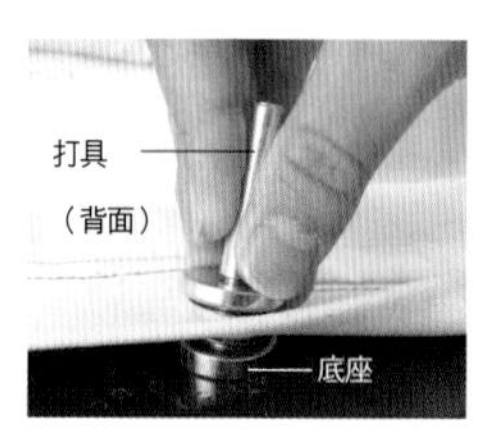

3 將底座置於下方，由上方疊合打具，運用鐵鎚敲擊固定。

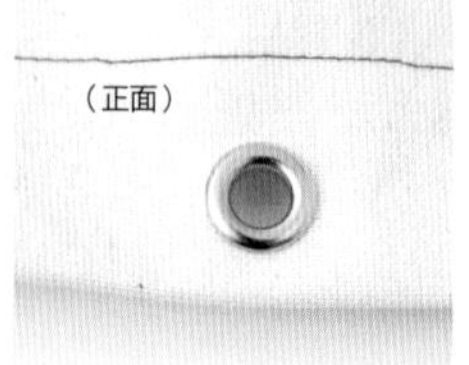

4 須確實敲擊至雞眼釦不會搖晃為止。

鉚釘釦

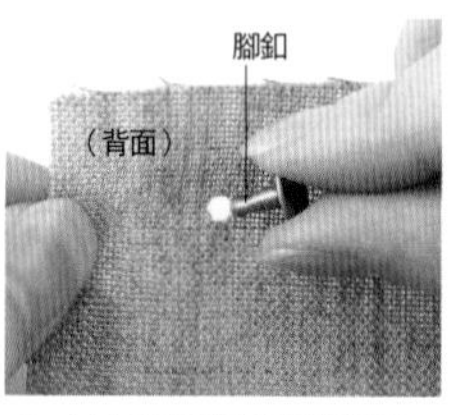

1 以丸斬確實鑿出鉚釘孔，將腳釦從背面插入。

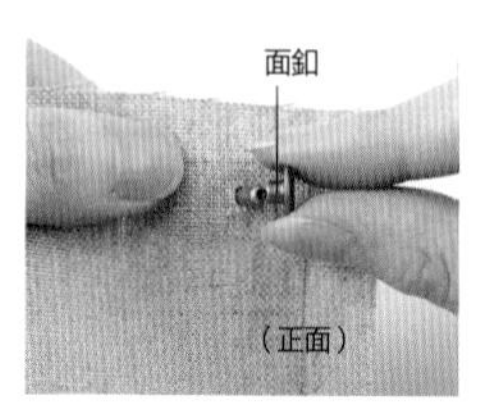

2 由正面安裝面釦。

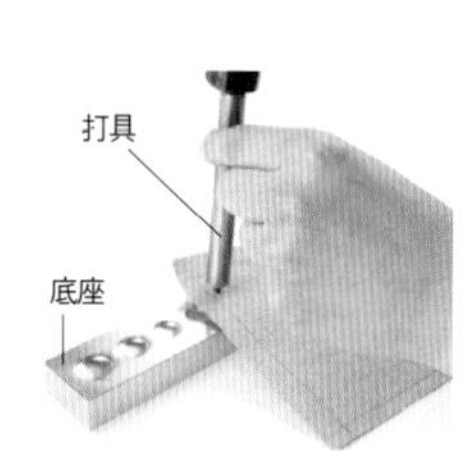

3 置於底座上，以鐵鎚敲擊打具固定。

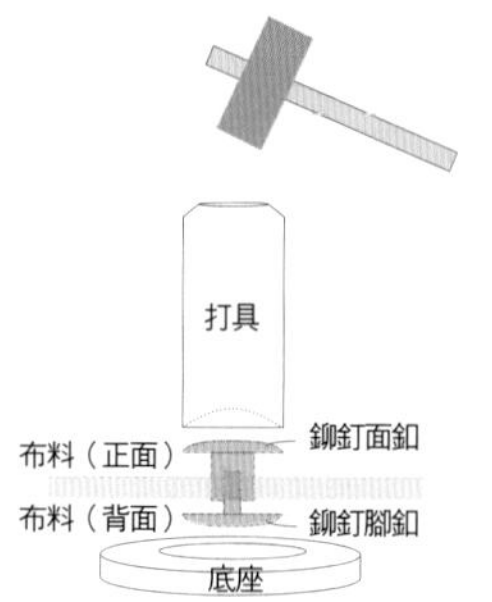

（正面）

4 鉚釘安裝完成。

從基本款袋物
學會手作包基礎

將基本款袋物製作上的知識，融入僅以直線接縫的簡易手作包中。
透過基礎認知，即可輕鬆作完成不同底角、提把或加上口袋等變化包款！

basic

基本款袋物製作

Arrange

7款變化造型的袋物製作

A. 加上外口袋設計的包款

B. 變換提把的包款

C. 加上袋底設計的包款

D. 變換提把的無裡布包款

E. 表袋身多口袋的包款

F. 袋口加上拉鍊的包款

G. 防水布包款

DESIGN&MAKE／Keiko Okada (flico)

布料提供／帆布&布襯…布の通販L'idée、棉麻水洗布…fabric bird、防水布料…服地　布地のマツケ　提把提供／植村(株)

來嘗試基本款袋物吧！

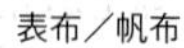

裁布圖

表布／帆布

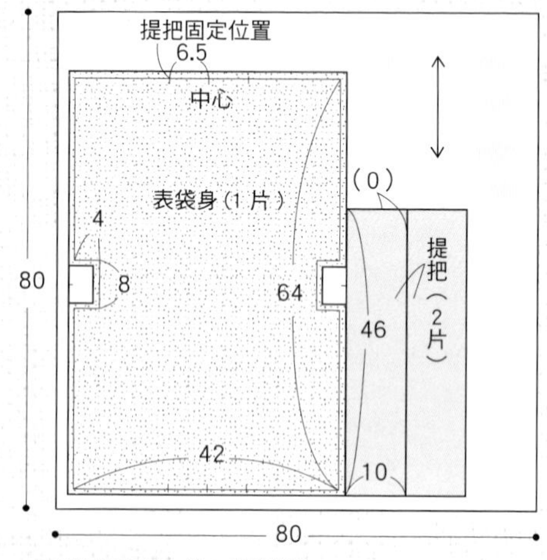

裡布／水洗棉麻布

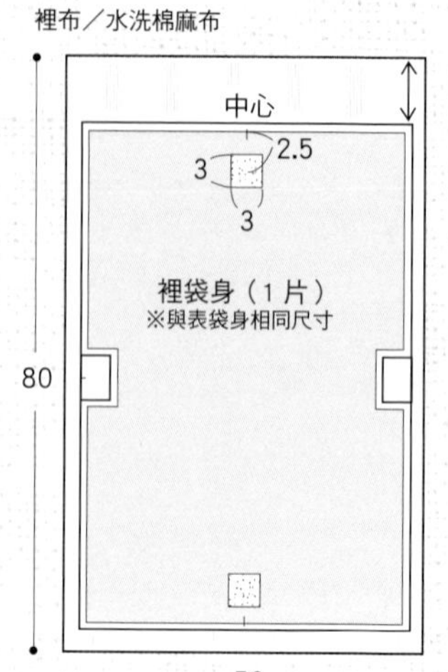

※除指定處之外，縫份皆為1cm。
（　）內為縫份。
※▭表示於背面熨燙布襯。

完成尺寸

寬×高×袋底寬：約34×28×8cm

材料

- ●11號帆布…… 80×80cm
- ●自然水洗棉麻直條紋布…… 50×80cm
- ●布襯…… 50×80cm
- ●直徑14mm磁釦…… 1組

1. 裁布

1 將直尺置於布料上，以記號筆描繪含縫份之記號線。由於布邊之布紋彎曲的關係，所以請避免使用。

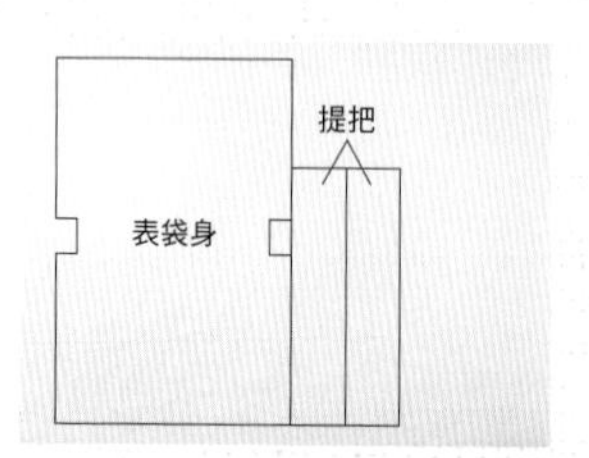

2 描繪完成後，請確認是否有描繪遺漏的地方，以及布片數量是否正確。

3 由布邊進行裁布。將布剪下刃貼齊檯面，即可穩定確實的裁剪布料。

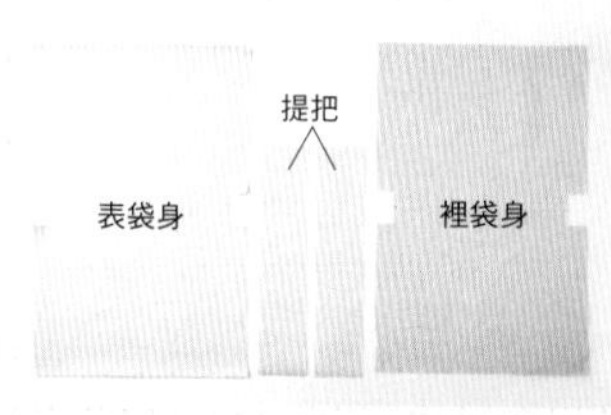

4 完成表布、裡布與提把布料之裁剪。

2. 熨燙布襯

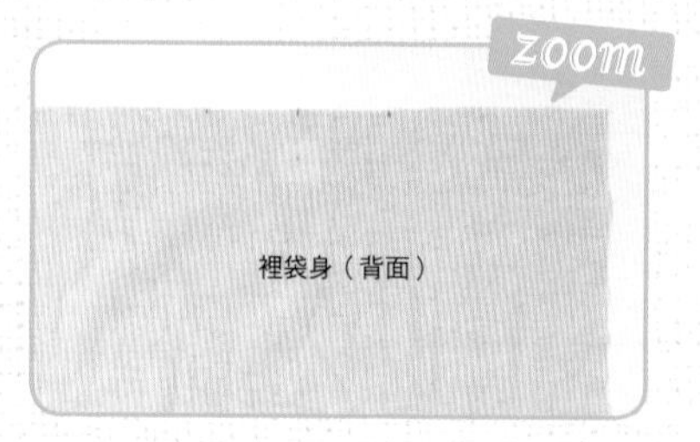

5 於表袋身上加一片墊布，以中高溫由中心朝外側壓燙，熨燙時須避免出現縫隙。於表、裡袋身背面的磁釦固定處熨燙布襯。

3. 合印記號

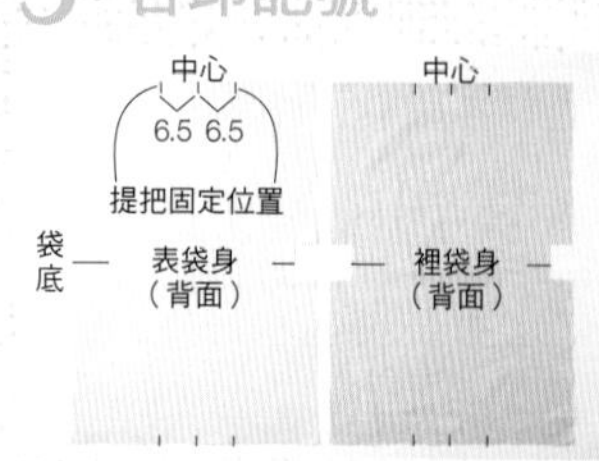

6 於袋口中心、提把固定位置與袋底製作記號。

4. 安裝磁釦

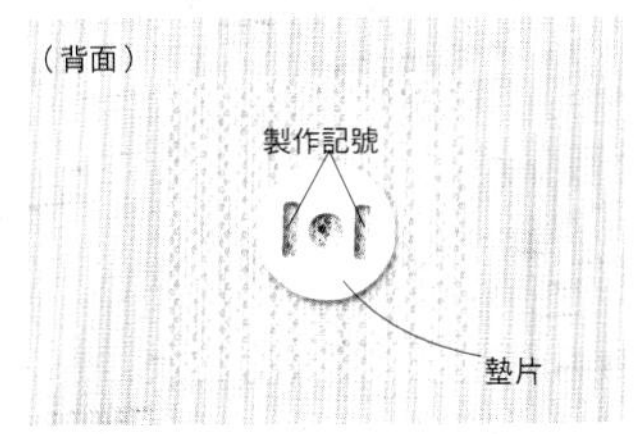

7 將墊片置於裡布的背面，製作腳釘位置的記號。

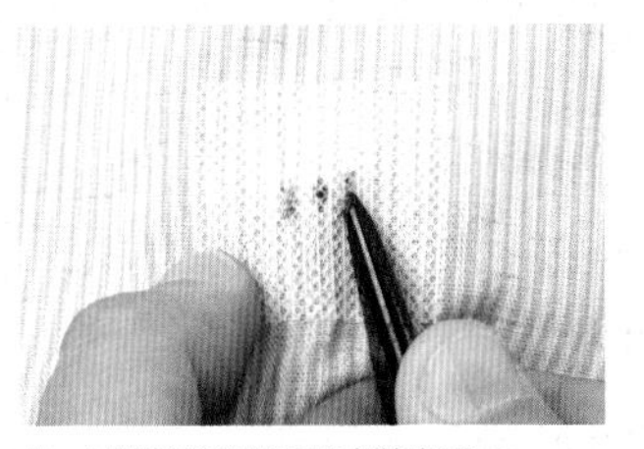

8 以線剪於腳釘記號處剪出牙口。

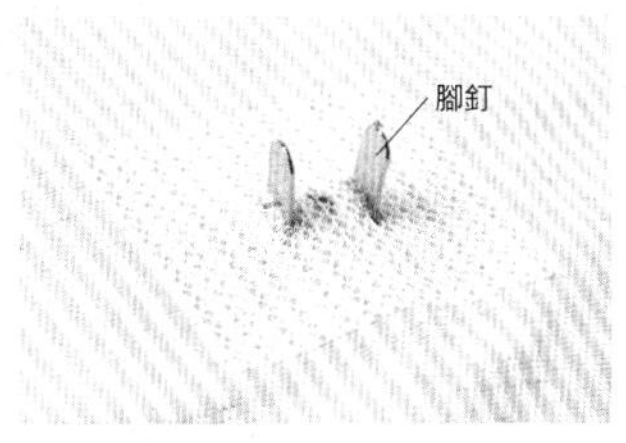

9 由正面插入腳釘。

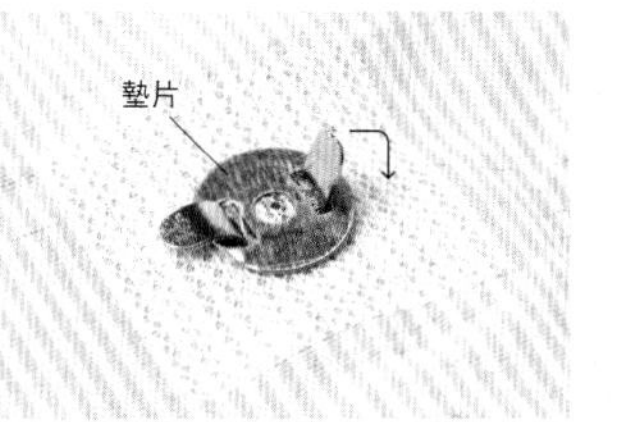

10 將墊片從背面套入腳釘。以尖嘴鉗將腳釘向外側壓平。另一側也以相同方式安裝。

5. 縫合側邊

11 將表袋身正面相對對摺，以珠針固定兩側。

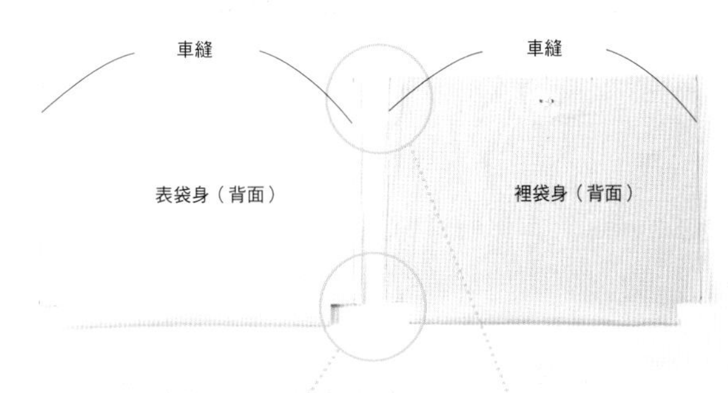

12 車縫側邊。裡布也以相同方式製作。

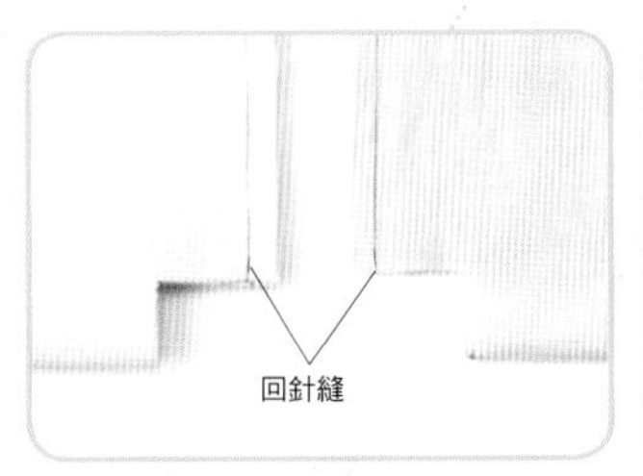

車縫時，須於始縫處與止縫處進行回針。

13 以熨斗燙開縫份。

6. 製作底角

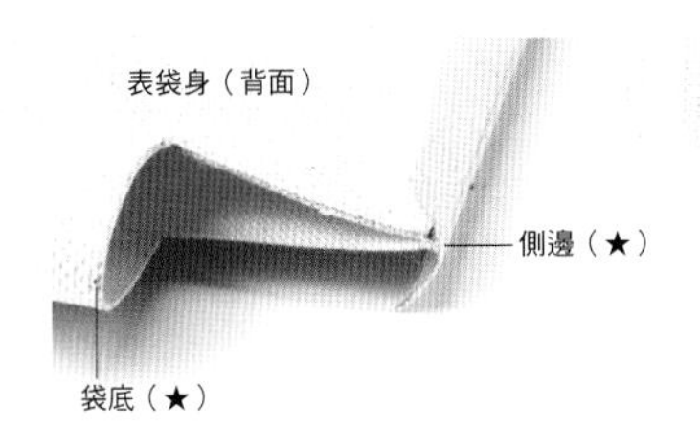

14 將縫份燙開後的狀態。

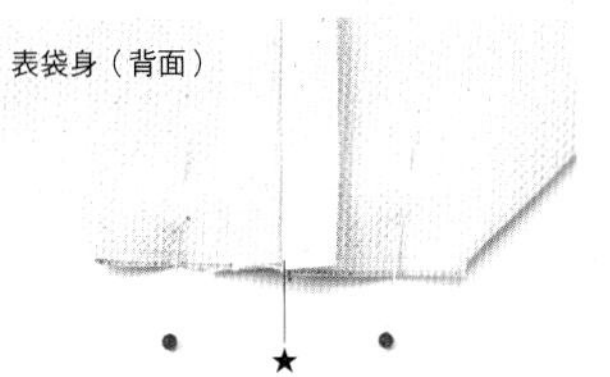

15 將步驟**14**的★與★正面相對，以珠針固定。上圖為側邊和袋底固定的狀態。

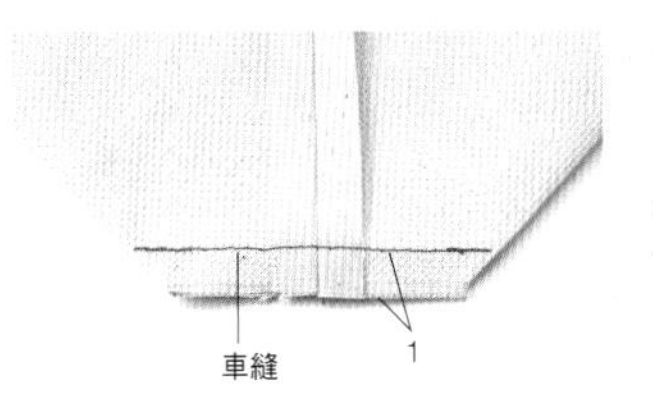

16 車縫底角縫份1cm。

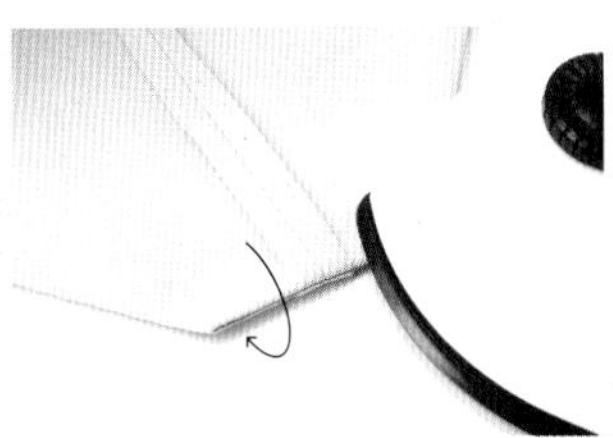

17 將底角縫份倒向袋底。裡布也以相同方式製作。 ※由此步驟開始，成為袋狀的表布稱為表袋，裡布則稱為裡袋。

7. 製作提把

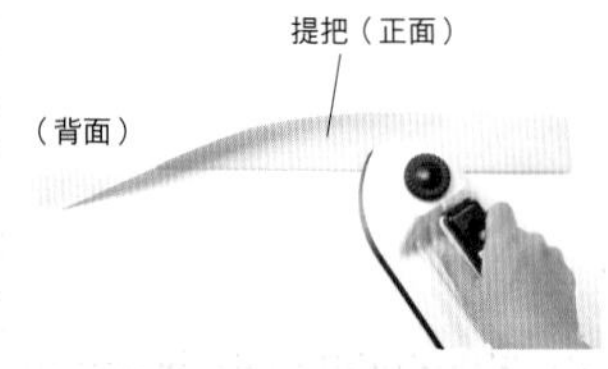

18 將提把布背面相對對摺。

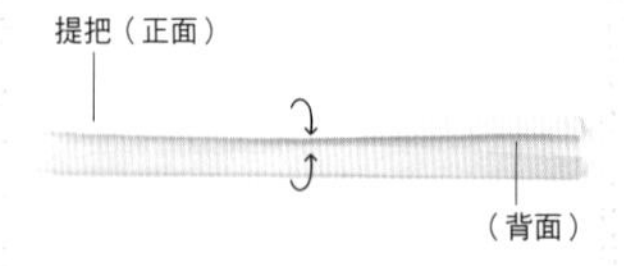

19 攤開後將兩側布邊向中心線摺入。

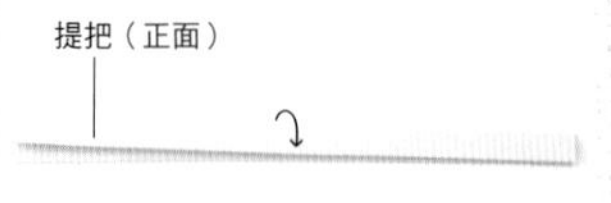

20 再對摺一次。

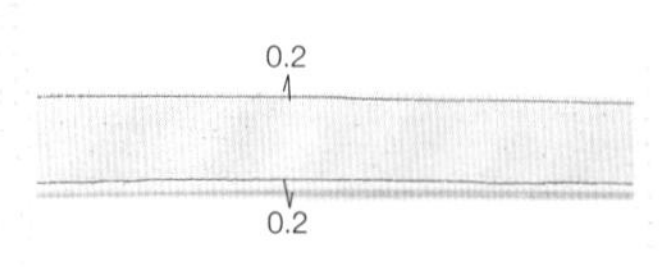

21 車縫兩側。

8. 縫合袋口

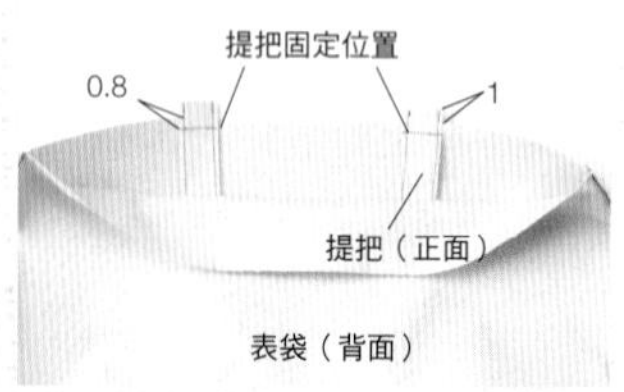

22 將提把置於距離袋口多出1cm處，於縫份處疏縫固定。

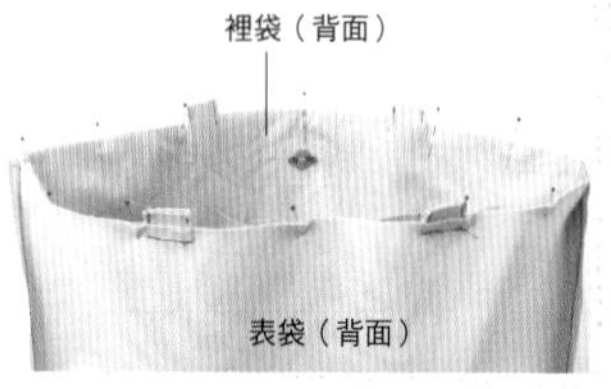

23 將表、裡袋正面相對套合，以珠針固定袋口。

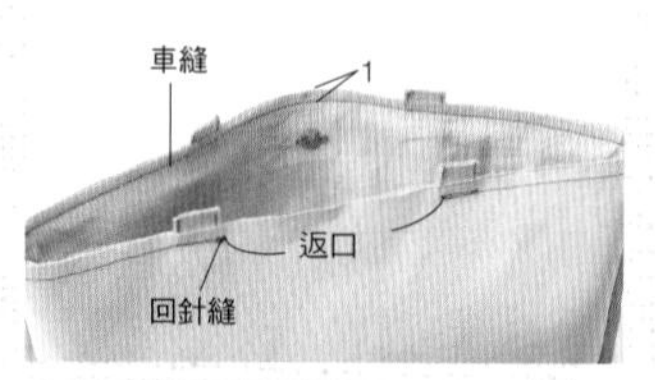

24 於袋口處預留返口13cm，並車縫一圈。

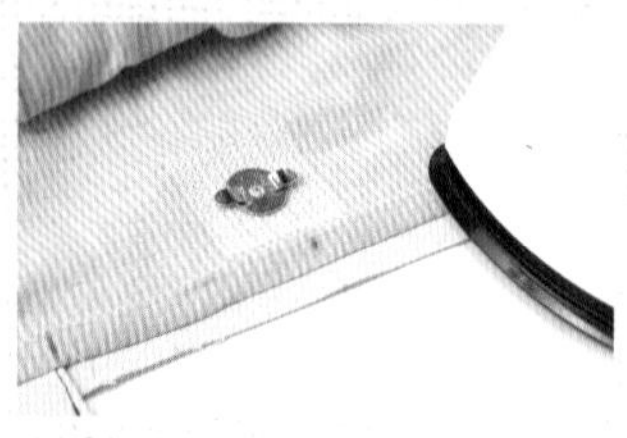
25 以熨斗燙開袋口處之縫份。

9. 完成

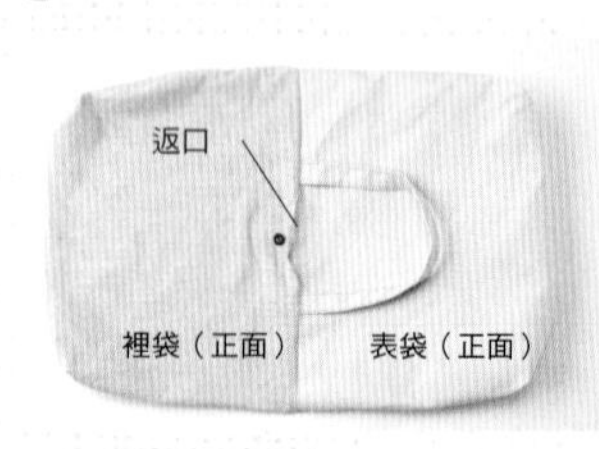

26 由返口翻至正面。

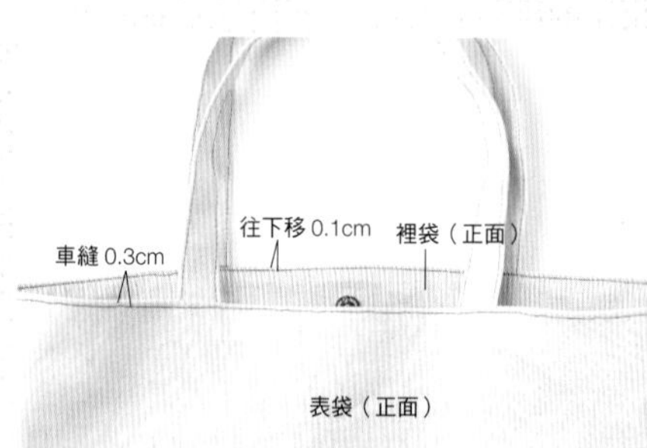

27
將裡袋放入表袋中，整理袋型，並於袋口壓線一圈。為了避免裡袋露出正面，須將裡袋下移0.1cm（表袋袋口的位置比裡袋高出0.1cm），如此小步驟將使成品更加美觀。

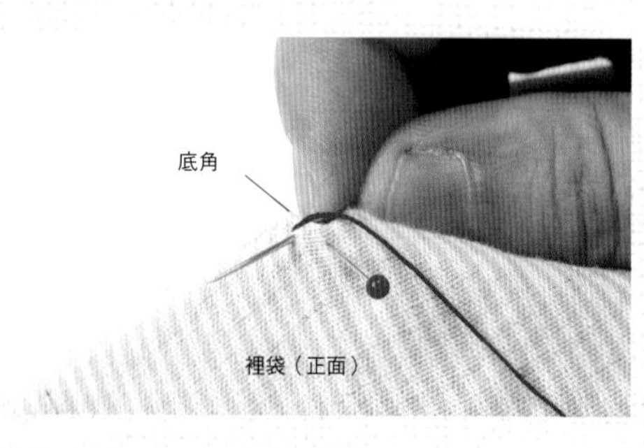

28
為了避免裡袋翻出，故於表袋縫份上將裡袋的四角以手縫數針固定。

完成囉！

來嘗試變化款袋物吧！

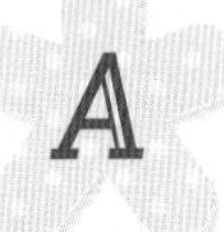

A 加上外口袋設計的包款

裁布圖

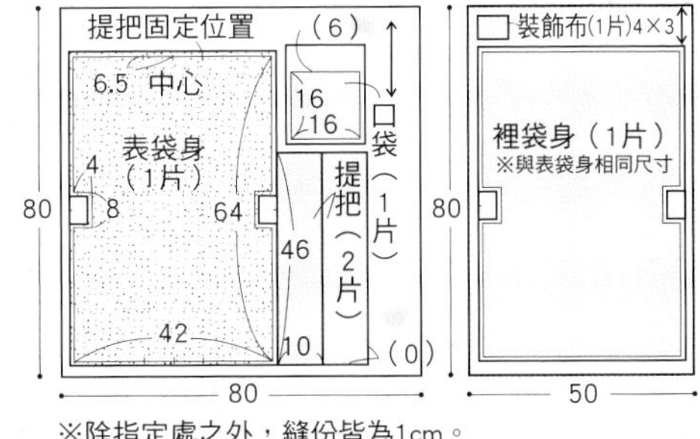

※除指定處之外，縫份皆為1cm。
（　）內為縫份。
※▭ 表示於背面燙布襯。

材料

- 11號帆布 ………… 80×80cm
- 自然水洗棉麻直條紋布 ………… 50×80cm
- 布襯 ……………… 50×80cm

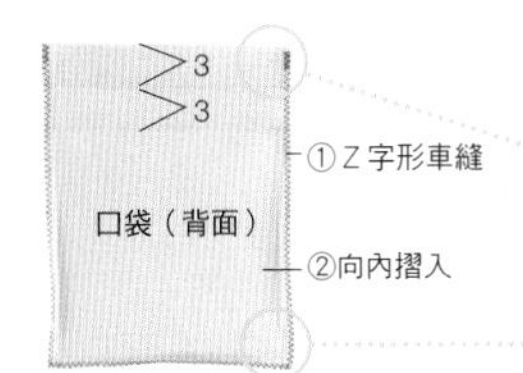

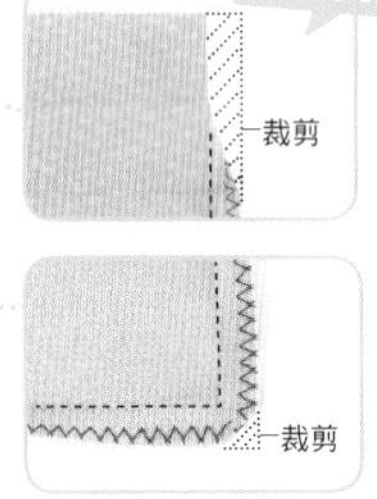

1 除了口袋之袋口處以外，其餘三邊進行Z字形車縫，將袋口往下摺3cm再摺3cm，摺出完成時的摺線。

因為布料較厚，不容易車縫，所以修剪上、下端之縫份。

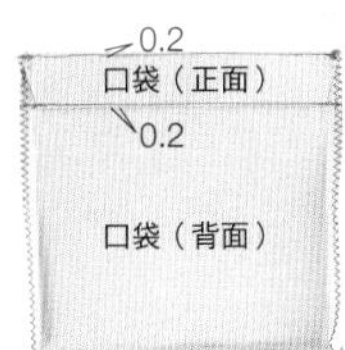

2 將口袋之袋口處三摺邊，車縫上、下側邊緣。

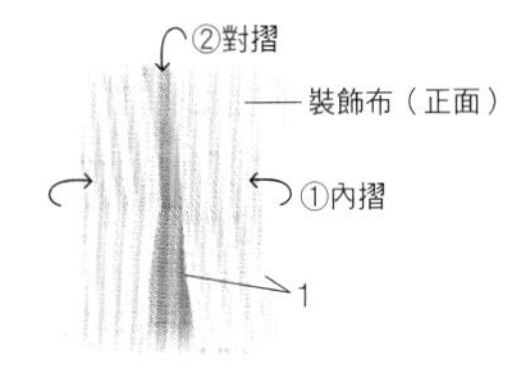

3 將裝飾布兩側對齊中心摺入後，再次對摺。

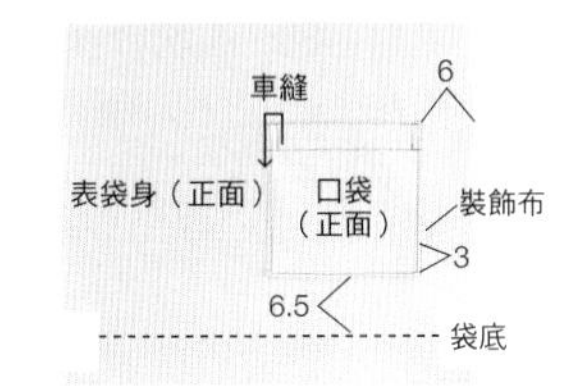

4 夾入裝飾布，將口袋車縫固定於袋身。口袋之袋口處，須進行コ字形車縫以增加耐用度。

B 變換提把的包款

裁布圖

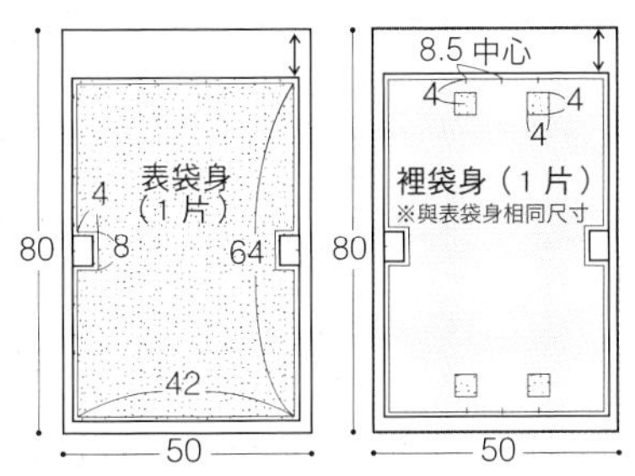

※除指定處之外，縫份皆為1cm。
（　）內為縫份。
※▭ 表示於背面燙布襯。

材料

- 11號帆布 ………… 50×80cm
- 自然水洗棉麻直條紋布 ………… 50×80cm
- 布襯 ………… 50×80cm
- 內徑10mm雞眼釦 ………… 4組
- 直徑10mm棉質童軍繩 ………… 70cm　2條

1 於裡袋身之指定處燙布襯。

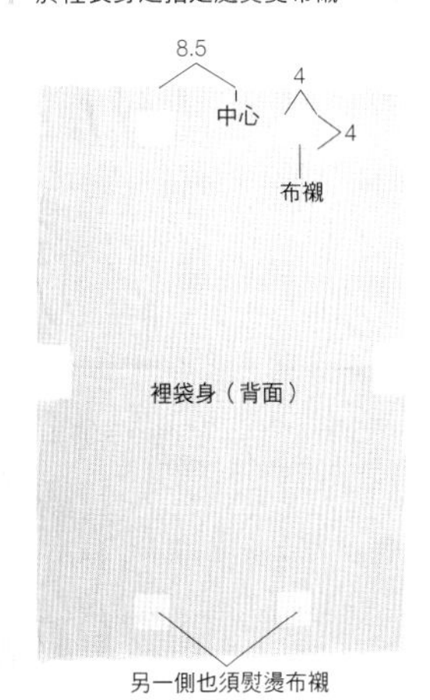

8.5
4
中心
雞眼釦安裝處
表袋（正面）

2 將表袋與裡袋縫合後，於雞眼釦安裝處製作記號。

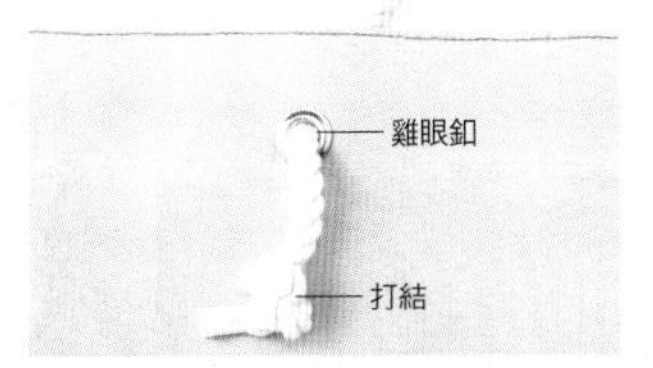

3 安裝雞眼釦，穿入棉質童軍繩後，將繩端打結。
※雞眼釦安裝方法請參考P.12。

加上袋底設計的包款

裁布圖

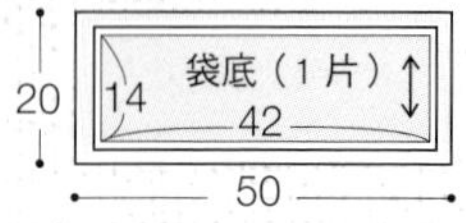

※除指定處之外，縫份皆為1cm
（ ）內為縫份。
※ 表示於背面燙燙布襯。

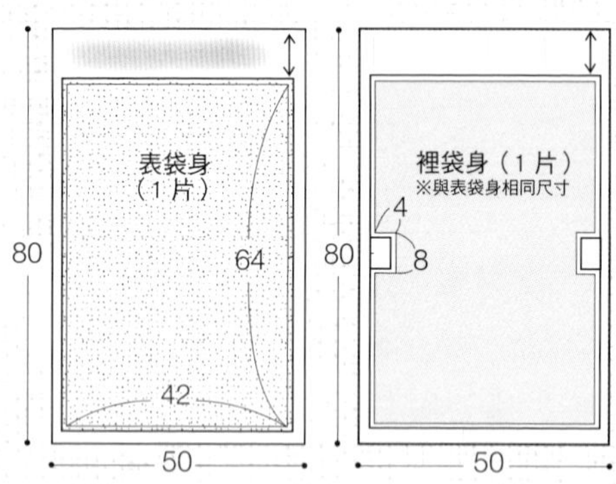

材料

- ●11號帆布（海軍藍）……50×80cm
- ●11號帆布（原色）……50×20cm
- ●自然水洗棉麻直條紋布 ……50×80cm
- ●布襯……50×80cm
- ●寬3cm厚質織帶 …… 96cm 2條

1 將提把於中心位置對摺，車縫10cm。

2 將提把固定於表布距離袋口邊緣4cm處，並進行コ字形車縫。

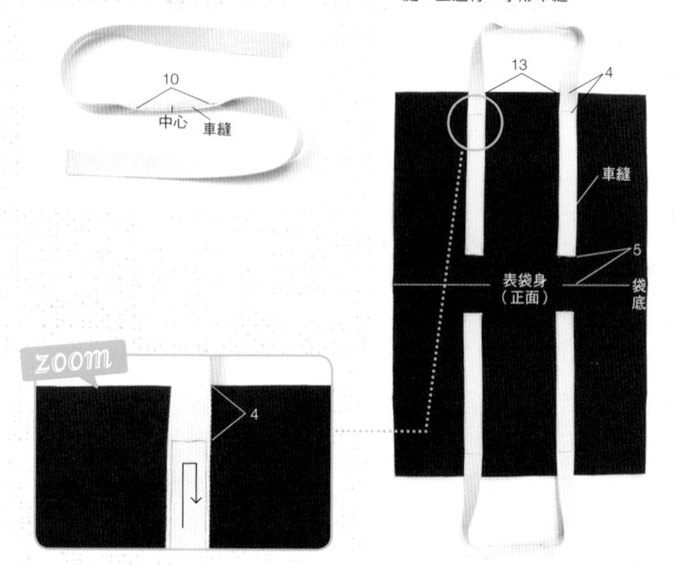

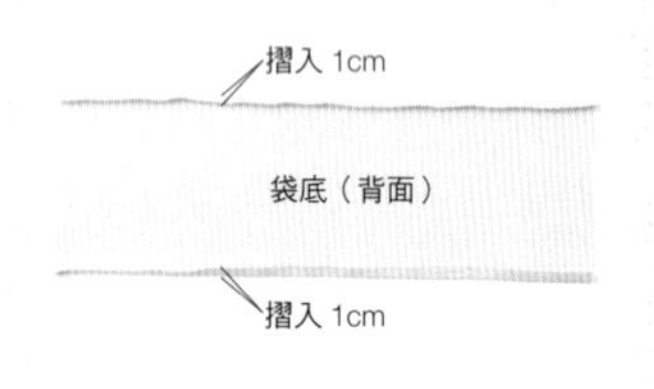

3 將袋底的布邊向內摺入1cm。

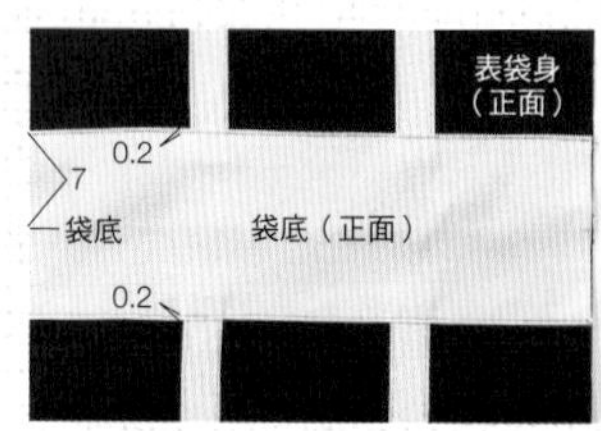

4 車縫固定於表布。

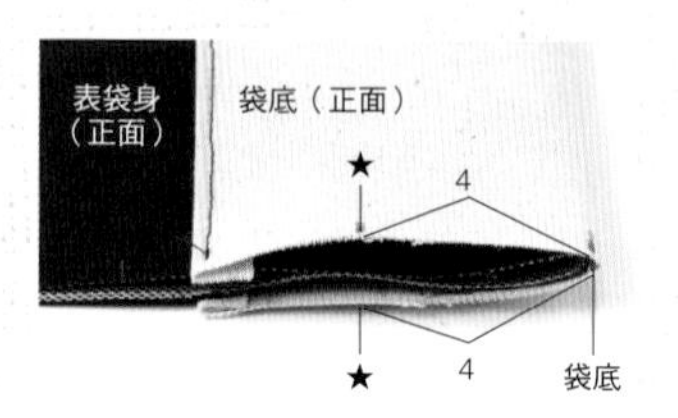

5 於中心背面相對對摺，由距離袋底4cm處製作外底角摺線記號。

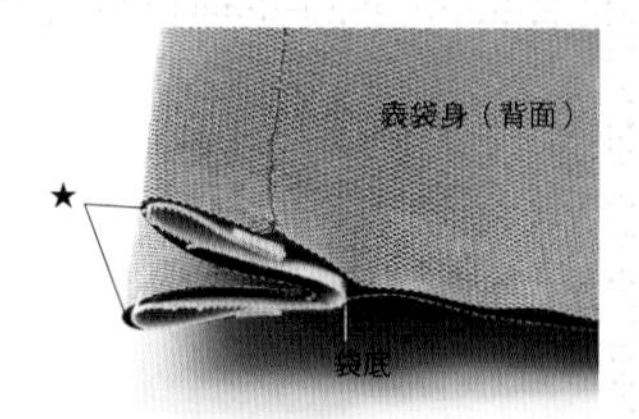

6 於外底角摺線處（★）摺疊。

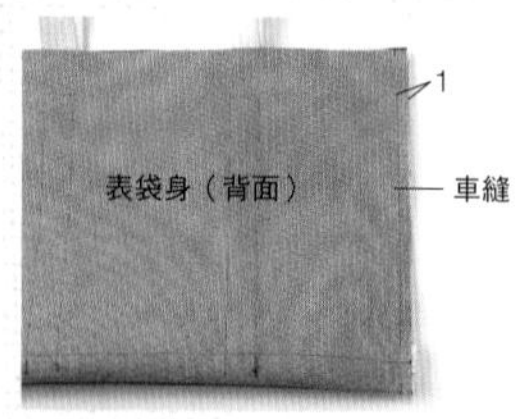

7 車縫側邊。

8 燙開側邊縫份。

9 翻至正面，於底角上壓線，將袋底與表布縫合固定。

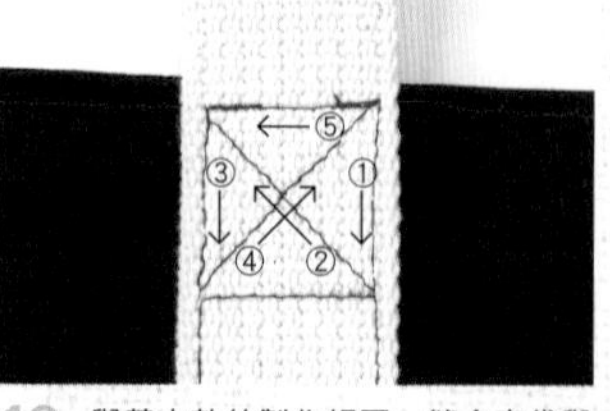

10 與基本款的製作相同，縫合表袋與裡袋的袋口。並於步驟**2**中コ字縫的上方縫合固定。
※裡袋作法請參考基本款袋物製作。

變換提把的無裡布包款

裁布圖

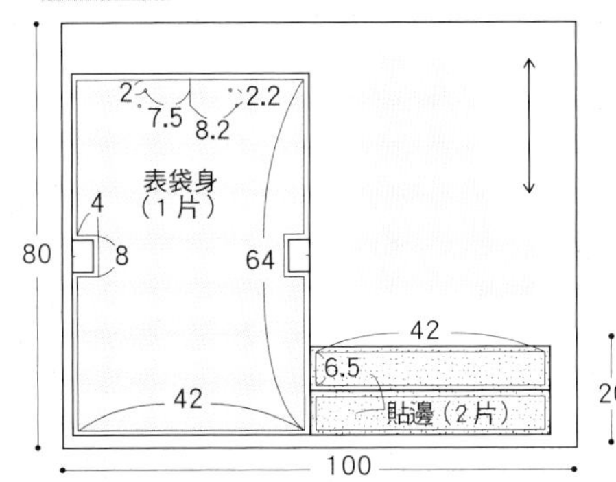

※除指定處之外，縫份皆為1cm。
（　）內為縫份。
※▭表示於背面熨燙布襯。

材料

- ●11號帆布 ……………… 100×80cm
- ●棉布 ……………… 40×20cm
- ●皮革提把 ……………… 1組
- ●直徑5mm鉚釘 ……………… 8組
- ●布襯 ……………… 50×20cm

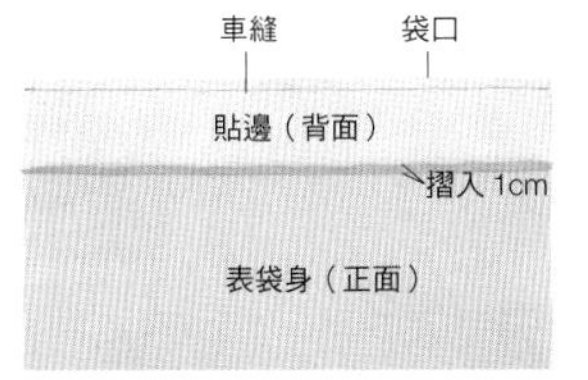

1 將貼邊下端內摺1cm，與表布正面相對，縫合袋口。

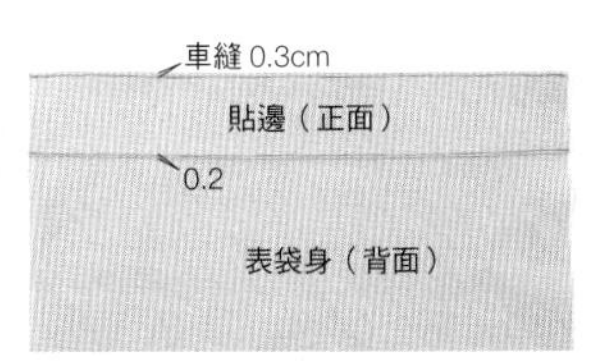

2 將貼邊翻至正面，於貼邊的上、下端壓線。

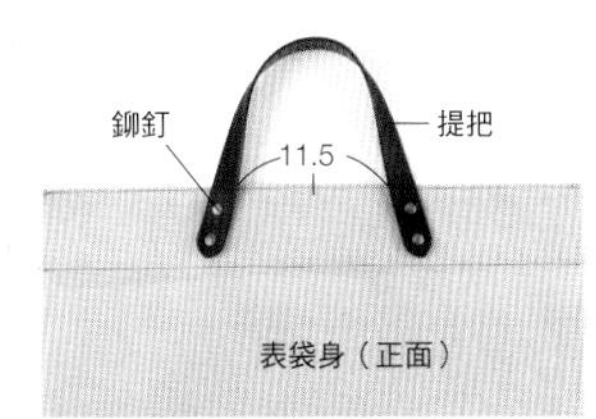

3 以鉚釘固定提把。
※鉚釘的安裝方法請參考P.12。

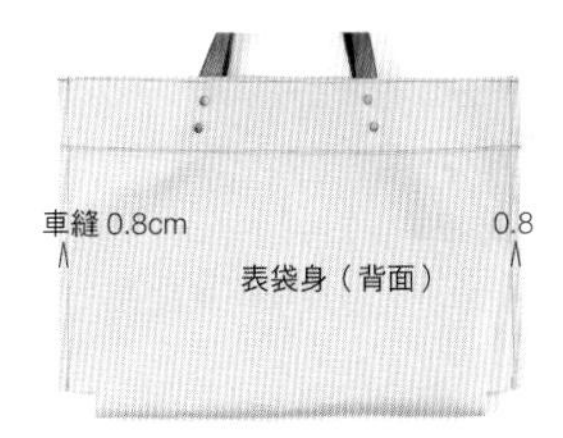

4 表袋身正面相對對摺，車縫側邊縫份0.8cm。

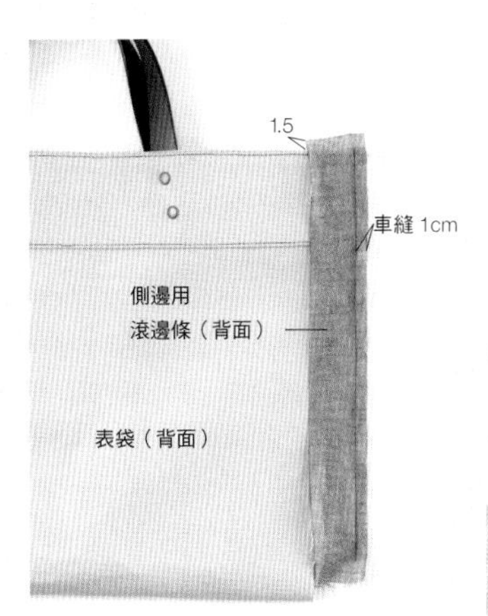

5 滾邊條上端預留1.5cm，對齊側邊的邊緣並車縫。

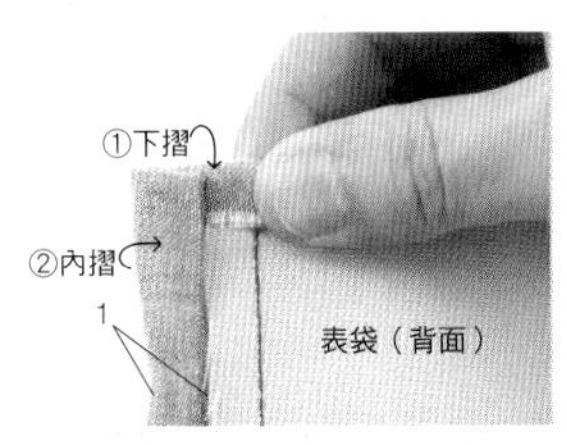

6 先將滾邊條的上端向下摺入，接著將未縫合的邊緣向內側摺。

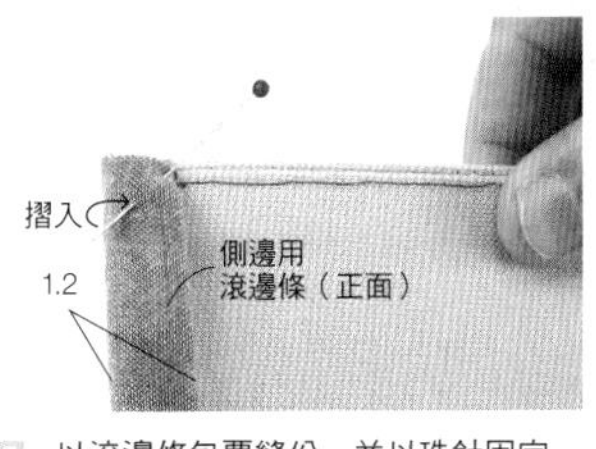

7 以滾邊條包覆縫份，並以珠針固定，須覆蓋側邊的縫線唷！

8 將滾邊條縫合固定，並修剪下端剩餘的滾邊條。

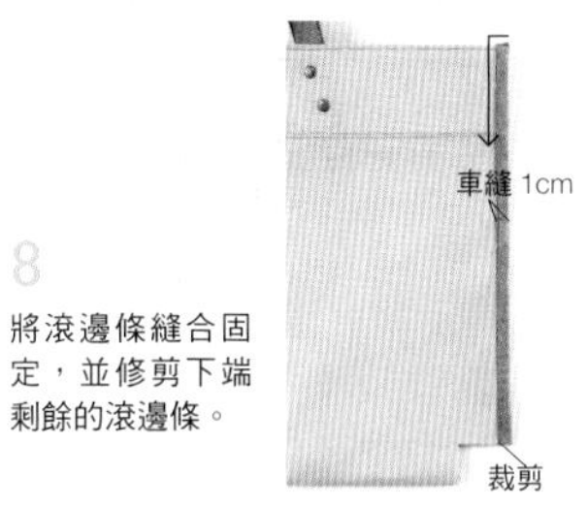

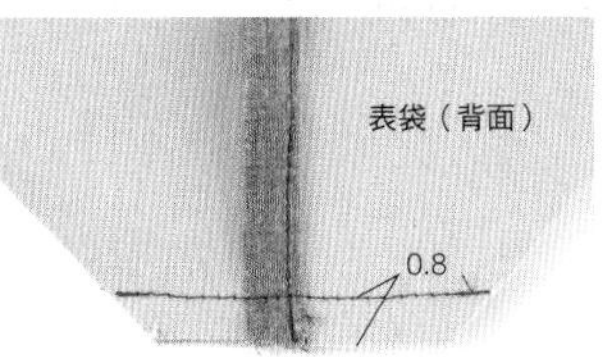

9 將側邊的縫份倒向單側，車縫底角。

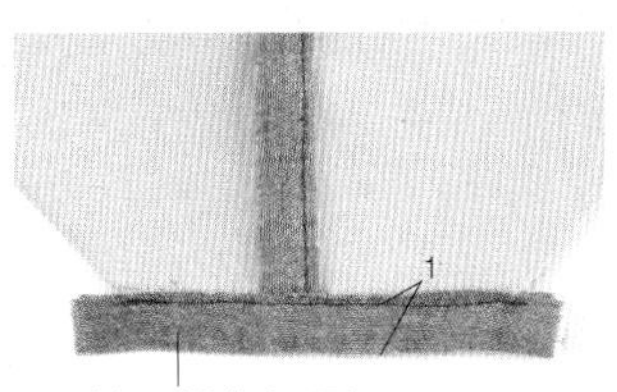

10 底角之縫份處理與側邊相同，以滾邊條包覆。

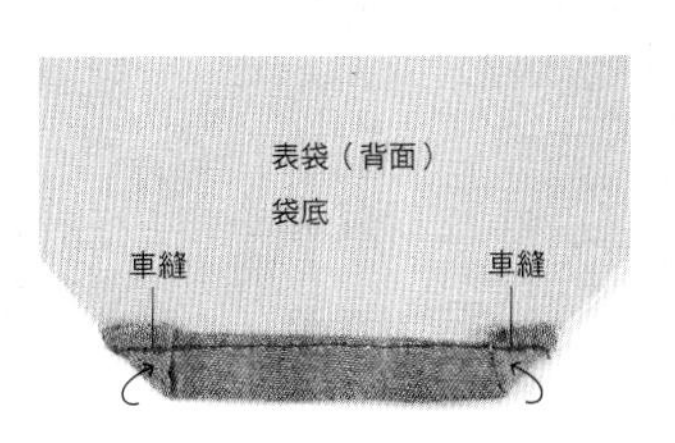

11 將滾邊條兩端向袋底摺入，並縫合固定。

表袋身多口袋的包款

裁布圖

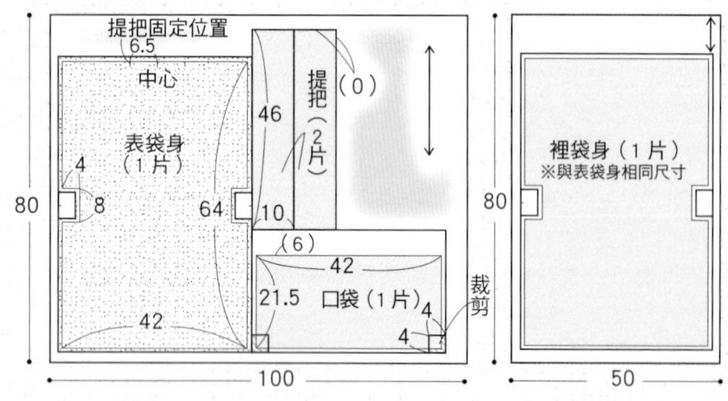

※除指定處之外，縫份皆為1cm。
（ ）內為縫份。
※▭表示於背面熨燙布襯。

材料

- ●11號帆布……100×80cm
- ●自然水洗棉麻直條紋布……50×80cm
- ●布襯……50×80cm

為了方便拿取物品，將口袋的上端由表袋身邊緣向內側移入0.3cm。

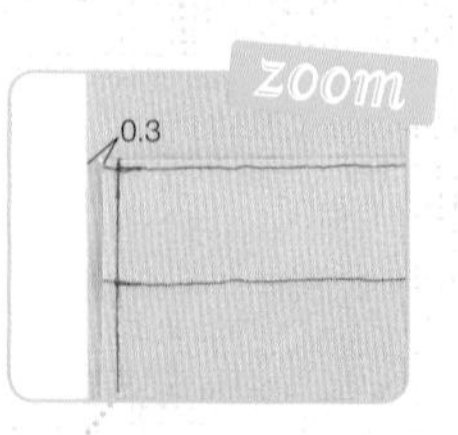

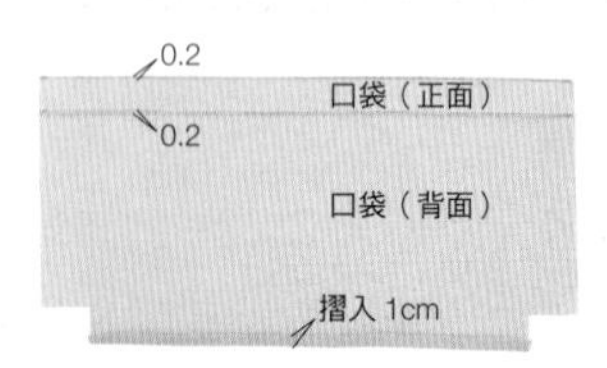

1 將口袋之袋口處摺入3cm再摺入3cm，並車縫。於口袋布的下端摺出完成線。

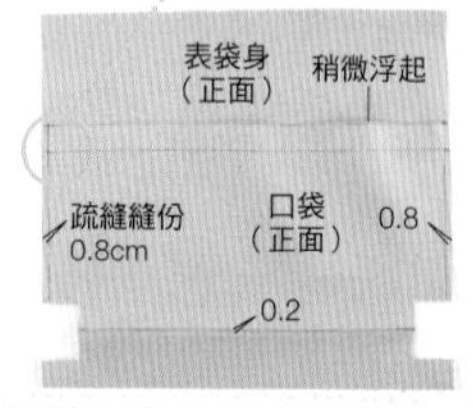

2 將口袋下端車縫固定於表袋身，口袋側邊疏縫固定於表袋身縫份處。

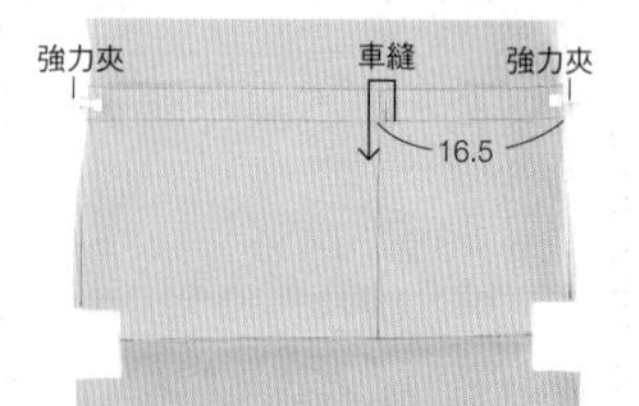

3 以強力夾固定布邊，使布料呈現拉緊狀態，並車縫分隔線。為補強口袋之袋口，須於分隔處進行コ字形車縫。

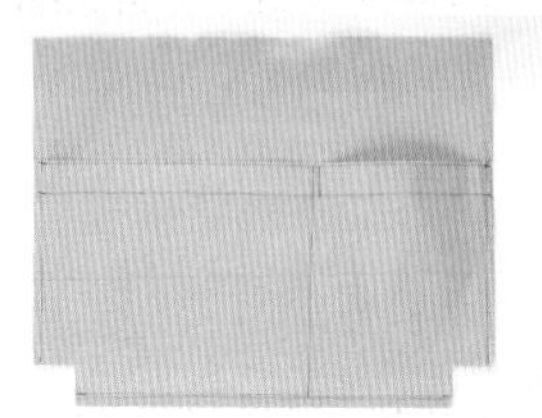

4 完成方便使用的寬鬆口袋。

袋口加上拉鍊的包款

材料

- ●11號帆布（焦糖色）……100×80cm
- ●11號帆布（紫色）……110×20cm
- ●自然水洗棉麻直條紋布……50×80cm
- ●布襯……50×80cm
- ●塑膠拉鍊……50cm

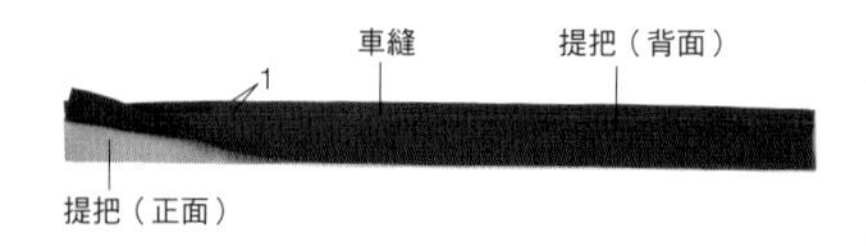

1 將提把布兩片正面相對，車縫單側。

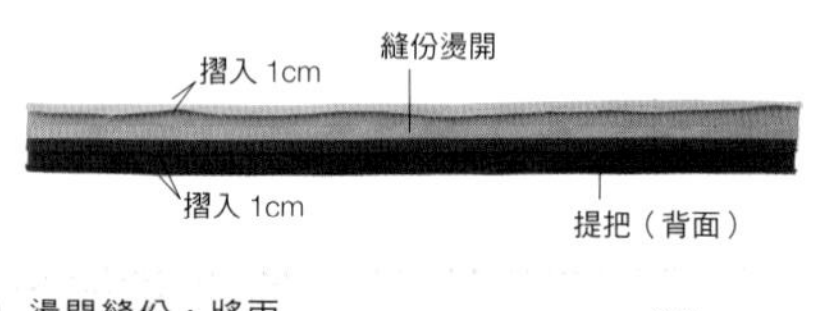

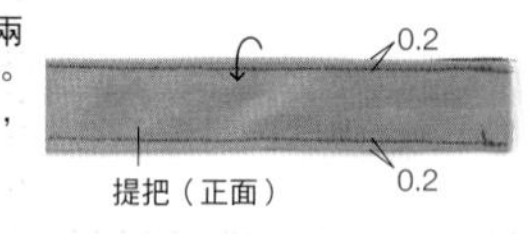

2 燙開縫份，將兩端向內摺入1cm。背面相對對摺，並車縫兩端。

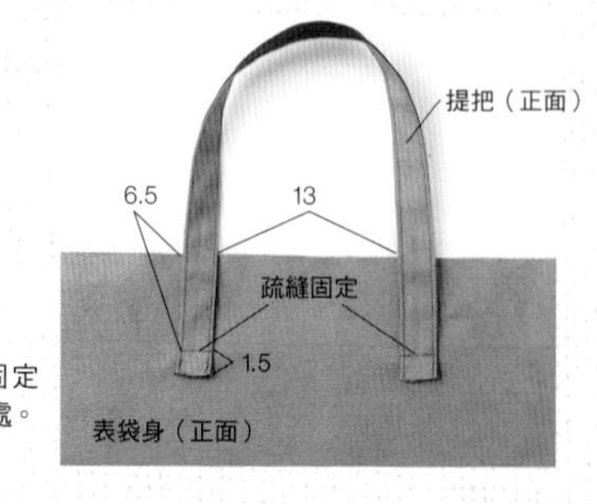

3 將提把疏縫固定於表袋身指定處。

裁布圖

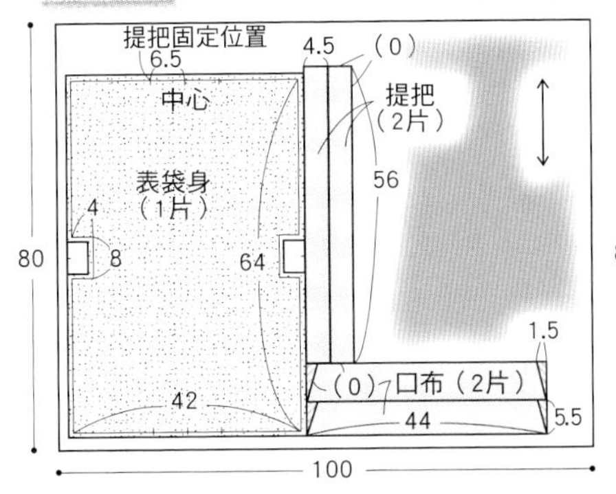

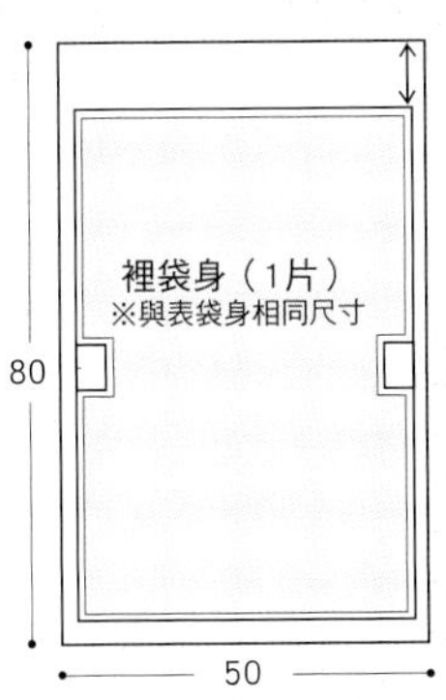

※除指定處之外，縫份皆為1cm。
（　）內為縫份。
※▭表示於背面熨燙布襯。

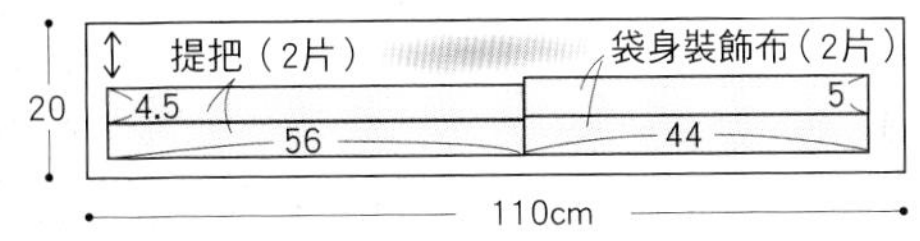

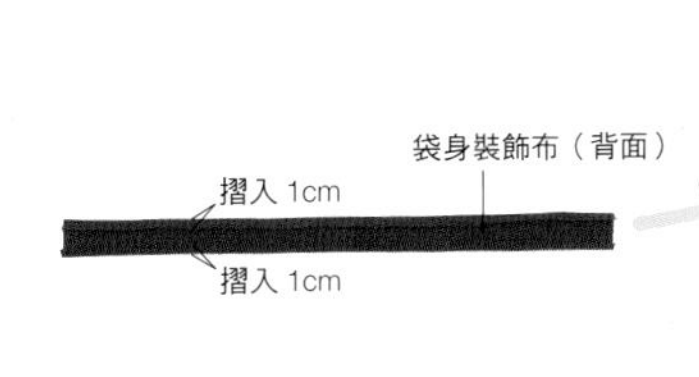

4 將袋身裝飾布的上、下兩端向內摺入1cm。

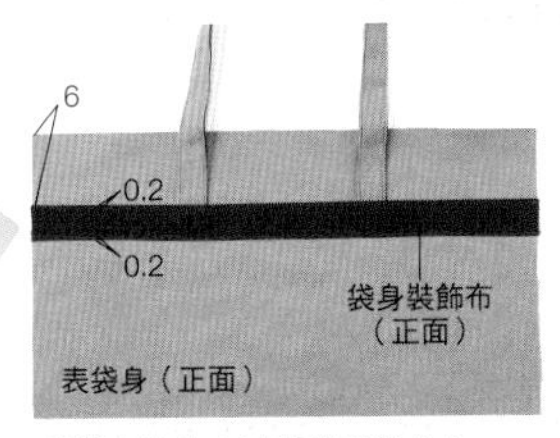

5 將袋身裝飾布接縫於表袋身上。

6 將表袋身正面相對對摺，車縫側邊和底角。
※底角的作法請參考基本款袋物。

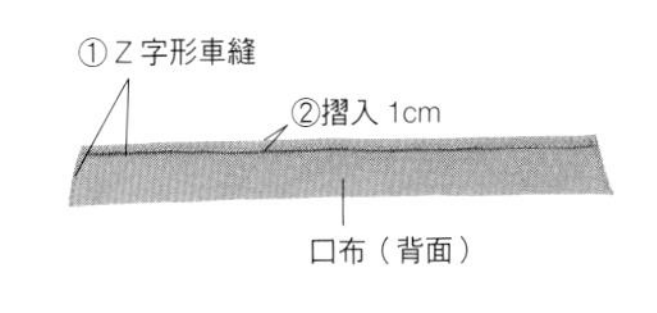

7 於口布側邊和接縫拉鍊側進行Z字形車縫，並將接縫拉鍊側向內摺入。

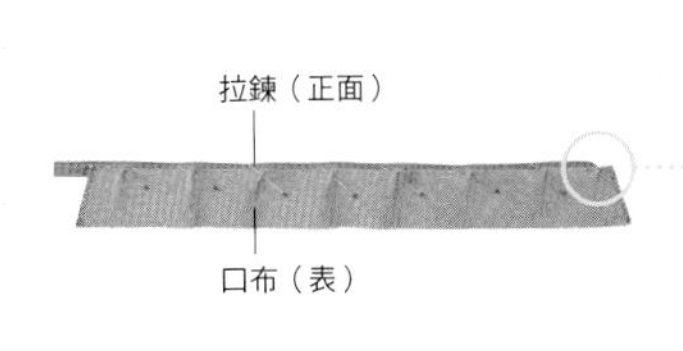

8 將拉鍊尾端向下摺入，並由距離拉鍊齒0.6cm下方以珠針固定口布。

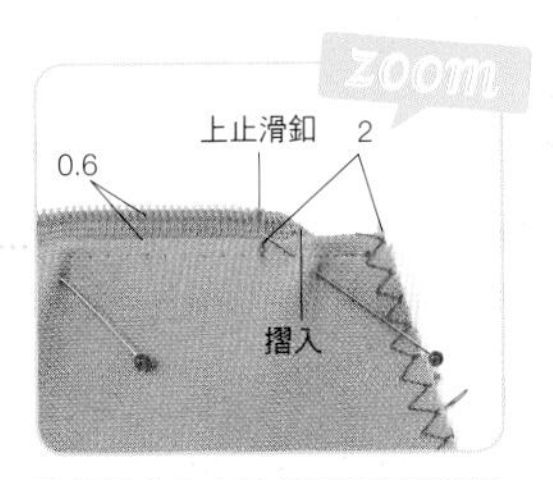

將拉鍊的上止滑釦對齊距離邊緣2cm處，剩餘的拉鍊部分則摺向背面。

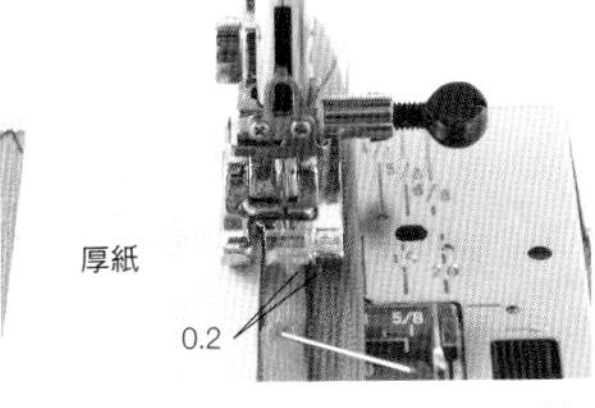

9 為了防止滑動，可先墊上一張厚紙，再由正面縫合拉鍊和口布。

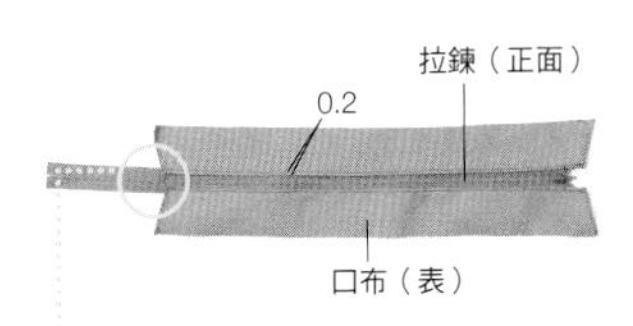

10 於拉鍊末端進行回針縫。

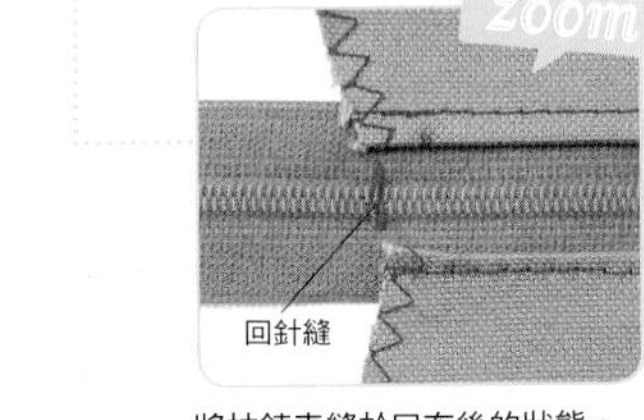

將拉鍊車縫於口布後的狀態。

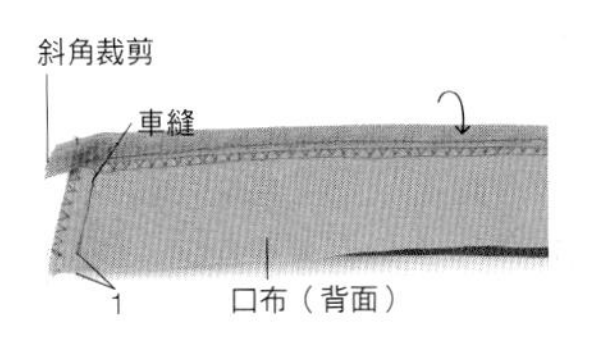

11 將口布正面相對對摺車縫，並預留下端1cm。為了避免剩餘的拉鍊綻開，故須以斜角裁剪。

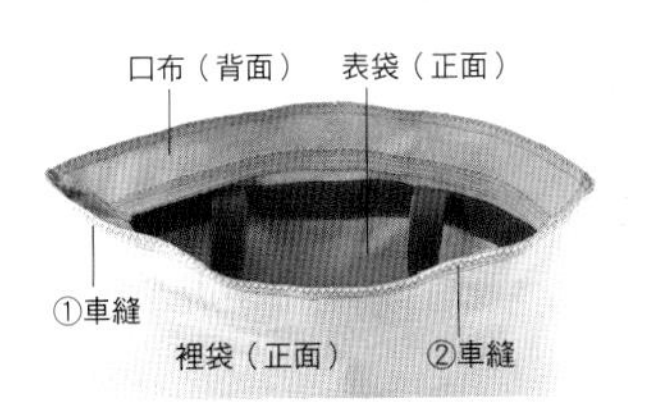

12 請參考基本款袋物之作法縫製裡袋，依裡袋、表袋、口布的順序疊合後，於袋口處壓線。縫份處進行Z字形車縫後，倒向口布方向。

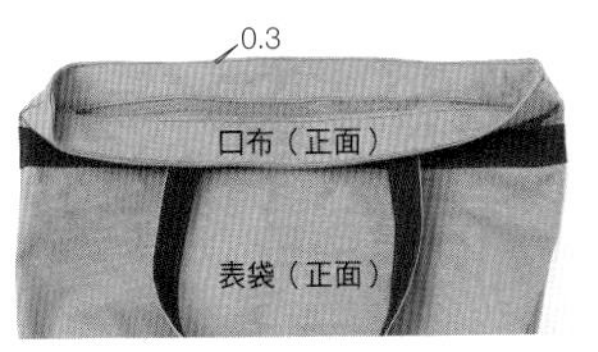

13 翻至正面，於袋口進行壓線。

防水布包款

裁布圖

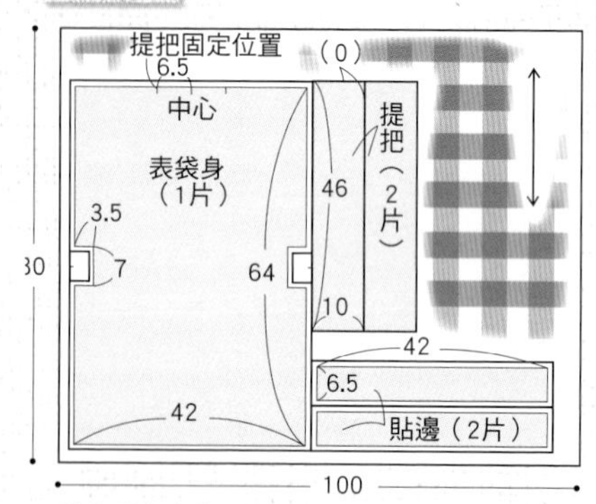

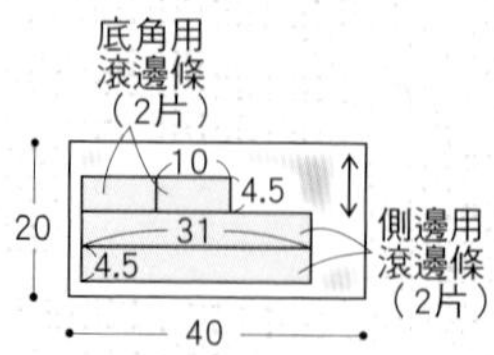

※除指定處之外，縫份皆為1cm。
( )內為縫份。

材料

- ●防水布 …… 100×80cm
- ●棉布 …… 40×20cm

車縫防水布料的必備工具

★強力夾

★紙膠帶

由於珠針扎入防水布料後會產生明顯的針孔，所以建議以強力夾或紙膠帶固定。

★描圖紙

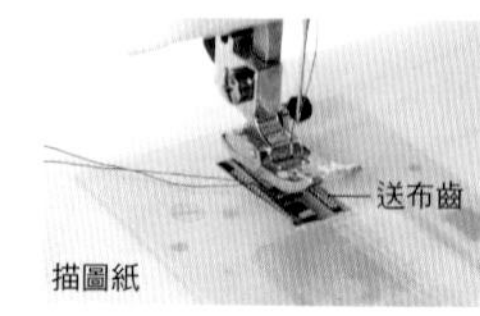

由於防水布料的表面膠膜的黏性會增加壓布腳的阻力，不易滑動，所以除了送布齒以外，於其他部分貼上描圖紙，即可大幅提升車縫順暢度。

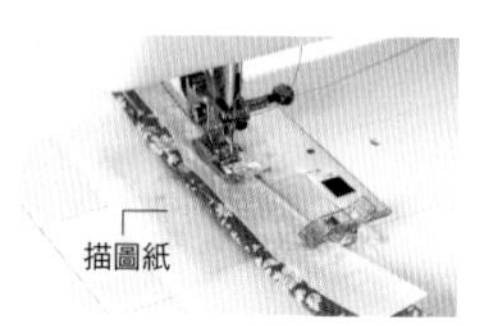

將防水布料的兩面重疊一起車縫。縫製完成後，將描圖紙沿著針趾撕下即完成。這是車縫亮面的防水布料時很推薦的使用方法唷！

1 參考P.16的方式製作提把，並暫時固定於表袋身。以紙膠帶代替珠針黏貼固定。

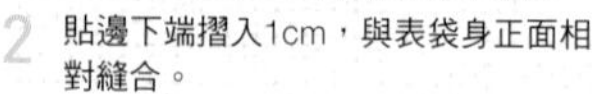

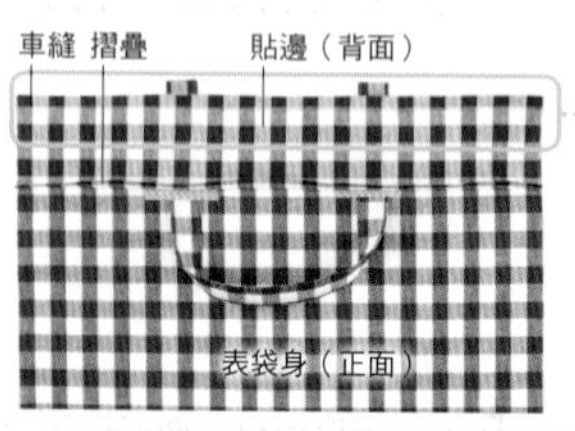

2 貼邊下端摺入1cm，與表袋身正面相對縫合。

將接縫處之縫份燙開。

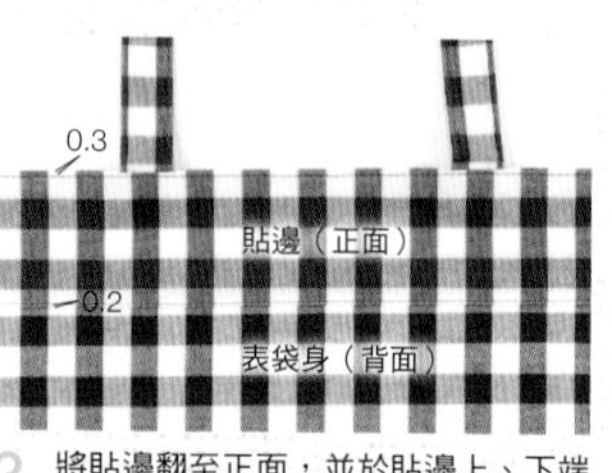

3 將貼邊翻至正面，並於貼邊上、下端壓線。

4 摺入側邊5cm，於距離摺線0.2cm處進行車縫。

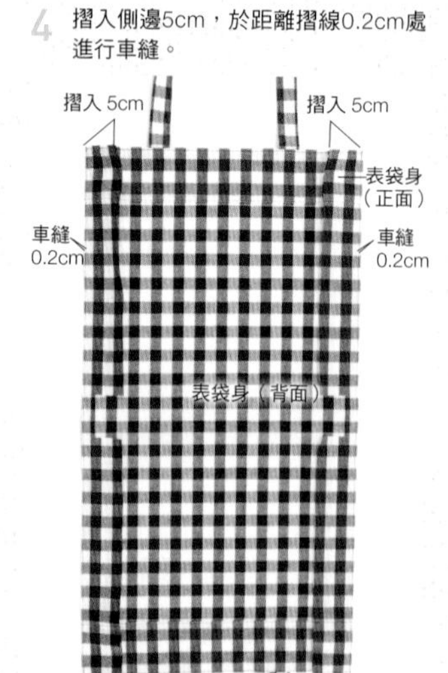

5 將摺疊的部分攤開，正面相對對摺，於距離邊線0.8cm處縫合側邊。

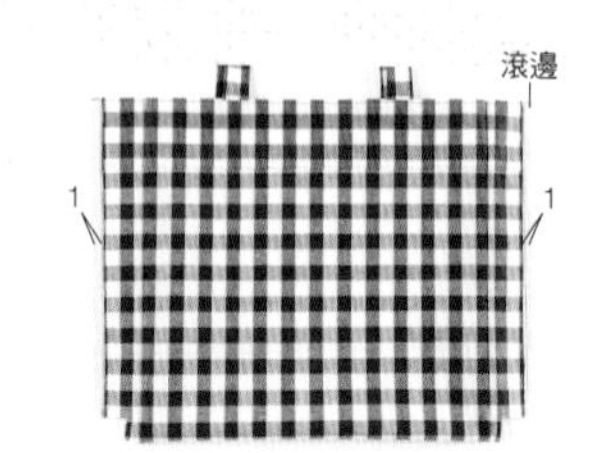

6 側邊的縫份以滾邊處理。
※滾邊的製作請參考P.19。

7 縫製底角，並將縫份處以滾邊處理。
※底角的縫製方法請參考P.19。

嘗試製作各種
不同款式的手作包吧！

本單元將介紹的袋物是運用同一紙型或是相同製作技巧，
即可製作Basic和Arrange的二至三款袋物。
請參考作品介紹頁中的難易度記號，尋找讓你躍躍欲試的包款吧！

1.tote bag

托特包

於方形的袋身上縫製率性短提把，
設計簡潔又方便使用的托特包。
在此將介紹變換不同袋身與設計的
三款托特包。

DESIGN&MAKE／Yoko Kubodera（dekobo kobo）
布料提供／（株）TAKEMI CLOTH　椅凳／AWABEES

由於袋身有底角的設計，所以可裝入許多物品。明顯的提把縫線與小巧的口袋正是此包款的設計重點。

Basic 難易度 ★

迷你口袋托特包

可裝入A4尺寸的簡約風托特包。
由於搭配較寬的提把，使用上相當方便。
以紅╳藍的直條紋搭配靛藍色，創造休閒的感覺。

● 作法（LESSON1）→P.28～

椅凳／AWABEES

Arrange 1 難易度 ★

蕾絲波紋鑲邊托特包

運用布邊的線條，使袋身更有變化，
點綴上喜愛的蕾絲，散發濃濃的少女風情。
搭配皮革提把，增加耐用度，
是一款可長久使用的包包。

● 作法（LESSON1）→P.28～

將喜愛的蕾絲以細褶接縫，中央蕾絲布為包款設計重點。挑選的蕾絲不同，整體呈現也會有不同的面貌唷！

Arrange 2 難易度 ★

圓鼓鼓托特包

袋口的寬度與Basic款相同，
於袋身加上抽縐變化。
圓鼓鼓的形狀可愛極了！
只須變換口布即可，作法相當簡單。

● 作法（LESSON1）➔P.28～

裡布運用復古的花朵布料增添華麗感。以同款布料製作而成的蝴蝶吊飾，更是吸睛焦點呢！

(Lesson 1) 托特包

● 原寸紙型 I 面〔A〕

完成尺寸
Basic 寬×高×袋底寬：約40×35×10cm
Arrange1 寬×高×袋底寬：約40×35×10cm
Arrange2 寬×高×袋底寬：約54×35×10cm

Basic

材料

- 條紋亞麻布 ……… 45×60cm
- 靛藍色亞麻布 ……… 95×30cm
- 素色亞麻布 ……… 45×85cm

裁布圖

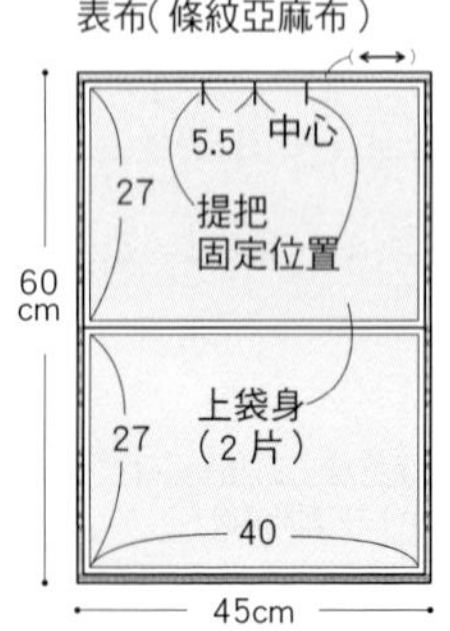

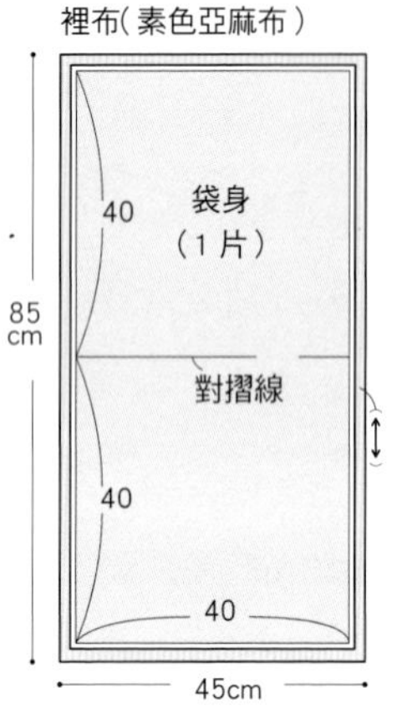

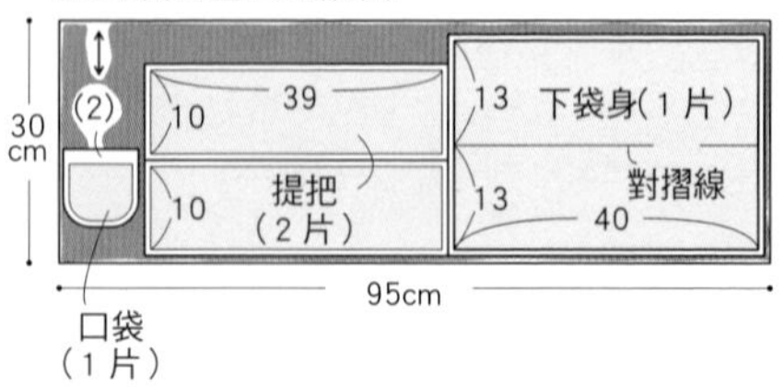

Arrange 1

材料

- 條紋亞麻布 ……… 48×90cm
- 素色亞麻布 ……… 45×85cm
- 寬1.5cm(A)、3cm(B)、6.5cm(C)、5cm(D)、4.5cm(E)、4cm(F)的蕾絲 ……… 各18cm
- 寬3cm厚質織帶 ……… 29cm 2條
- 寬3cm皮革 ……… 29cm 2條

裁布圖

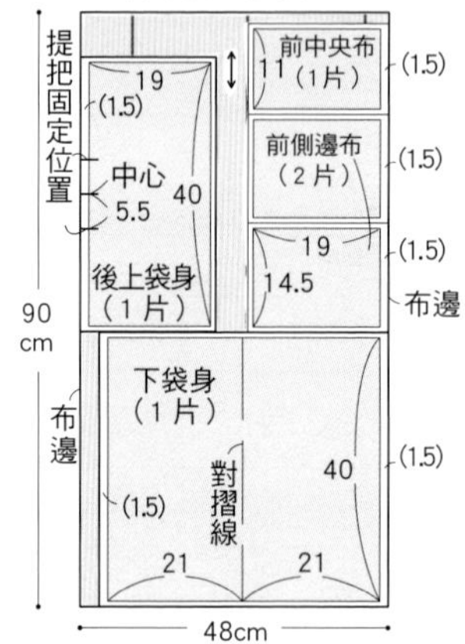

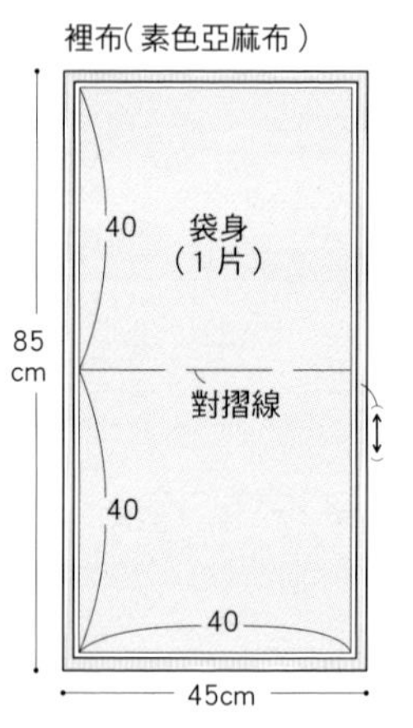

Arrange 2

材料

- 素色亞麻布 ……… 70×90cm
- 花朵圖案棉布 ……… 110×85cm
- 寬2.5cm 厚質織帶(深藍色) ……… 32cm 2條

裁布圖

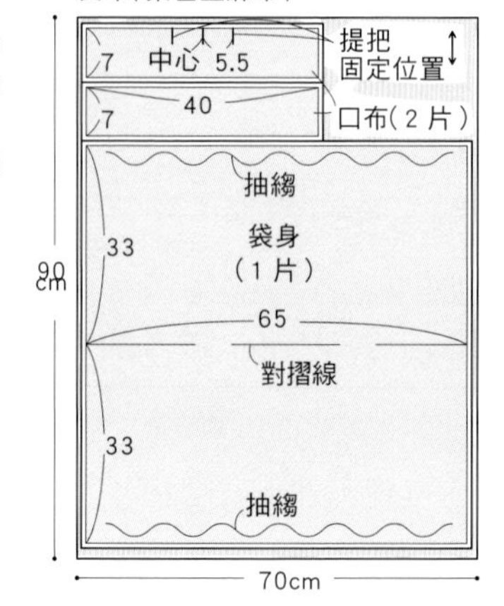

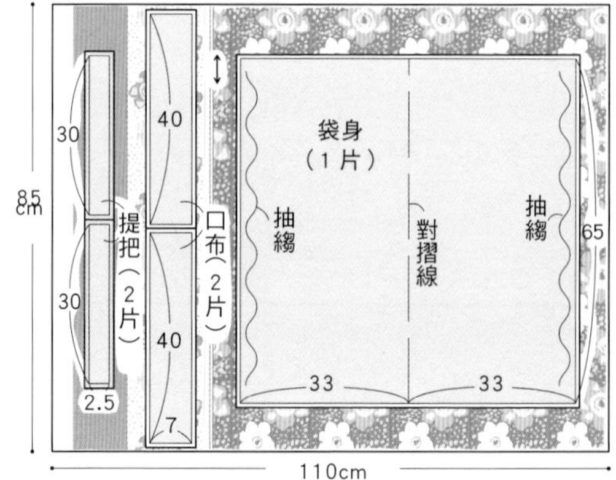

※( )中的數字為縫份尺寸。
除指定處之外，縫份皆為1cm。

1. 製作表袋

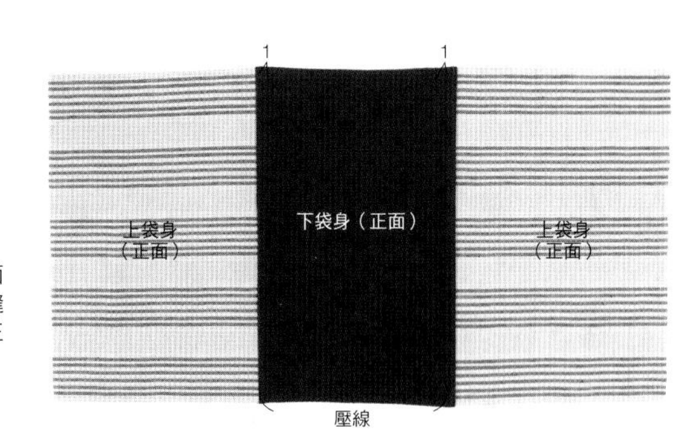

1

將上袋身與下袋身正面相對縫合縫份1cm。縫份倒向下袋身，並由正面壓線。

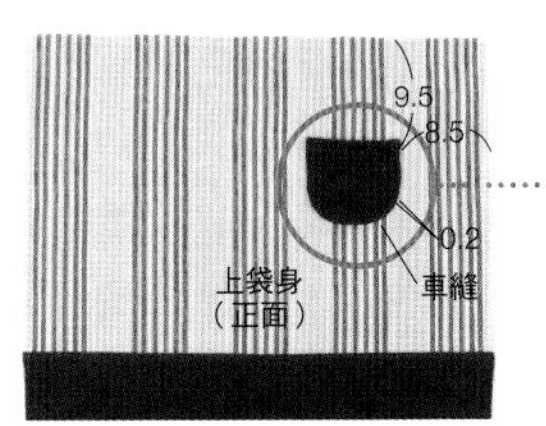

2 將口袋車縫固定於表袋身。

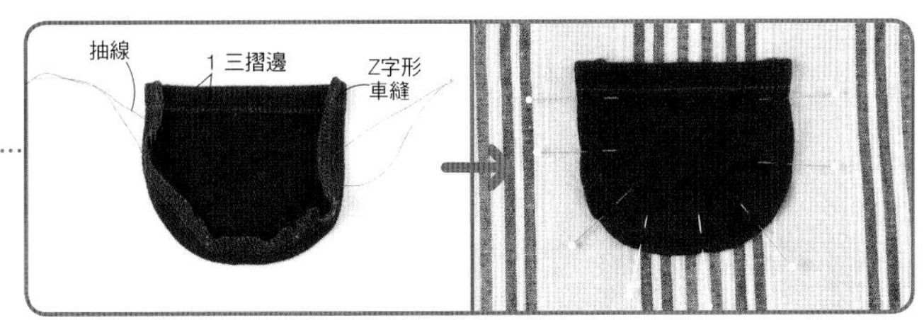

於縫份處以粗針趾車縫，抽縐後製作口袋形狀。先將完成尺寸的厚紙墊於背面，再進行抽縐，形狀更美觀唷！

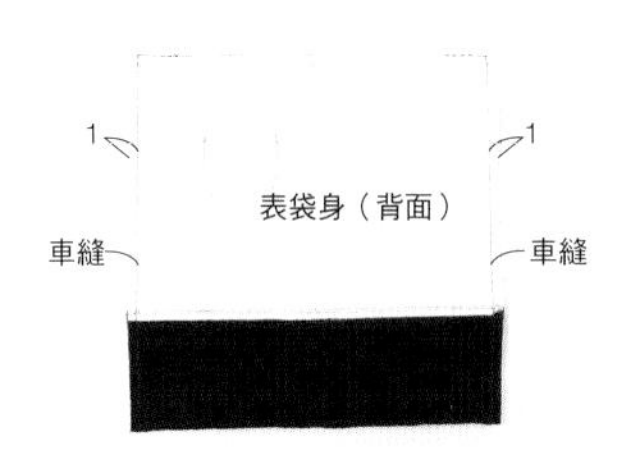

3 將表袋身正面相對對摺，車縫縫份1cm，並燙開縫份。

2. 製作裡袋

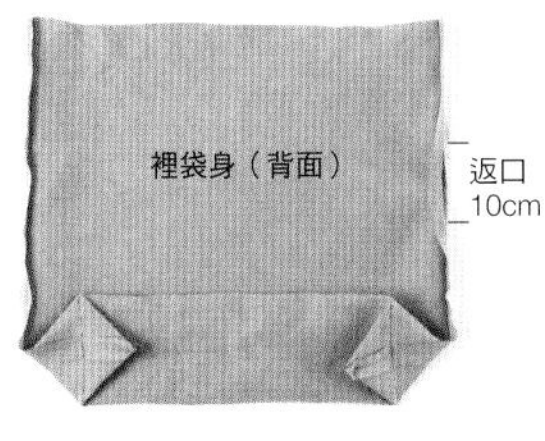

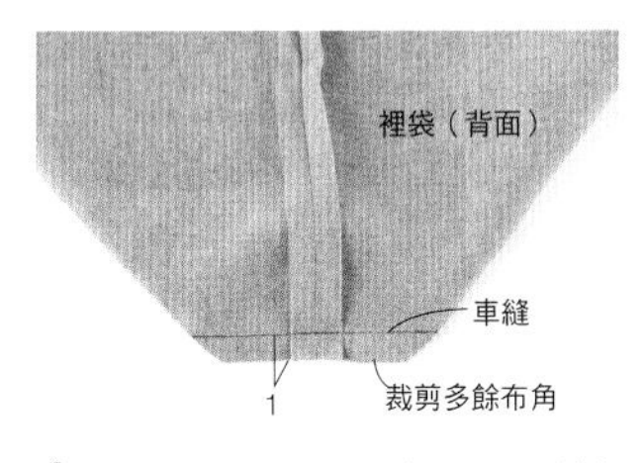

表袋（背面）

10

車縫

表袋（背面）

1

裁剪多餘布角

4 車縫底角10cm。

修剪底角布料，僅保留縫份1cm。

5 裡袋製作方式與表袋相同。正面相對對摺車縫縫份1cm，並預留一返口。

6 以相同製作方式車縫底角，並修剪多餘的布角。

3. 製作提把

7

將提把正面相對對摺，車縫縫份1cm，並留一返口。將車縫線調整至中心位置，燙開縫份，車縫提把兩側縫份1cm。由返口翻至正面並縫合。最後於提把兩側車縫壓線。

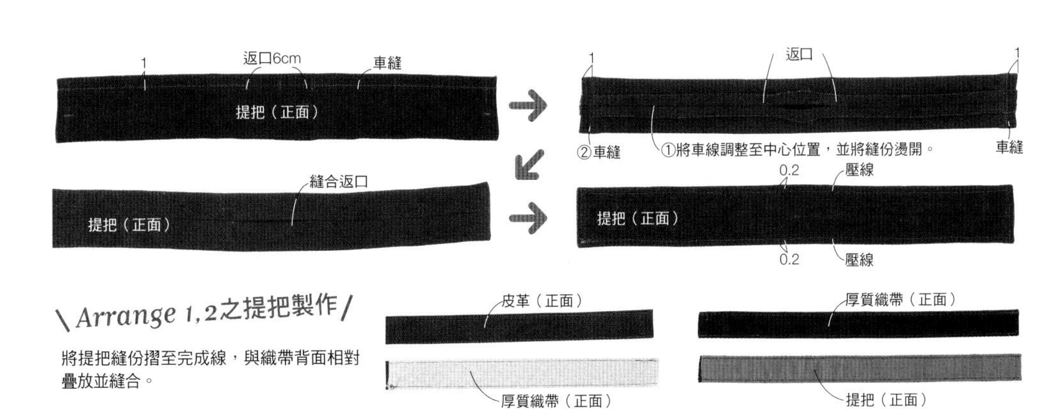

\ *Arrange 1,2*之提把製作 /

將提把縫份摺至完成線，與織帶背面相對疊放並縫合。

4. 縫合表袋與裡袋

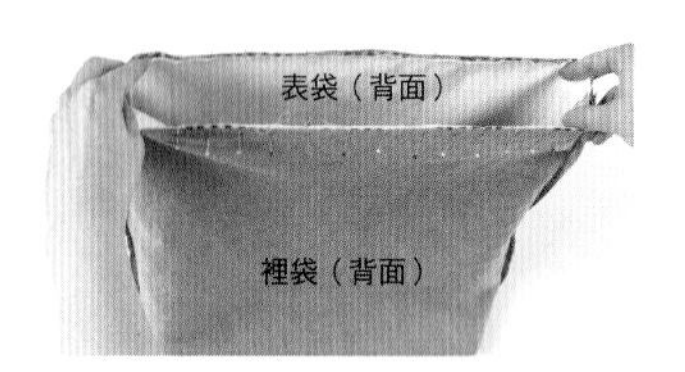

8 將表、裡袋正面相對套入，以珠針固定。

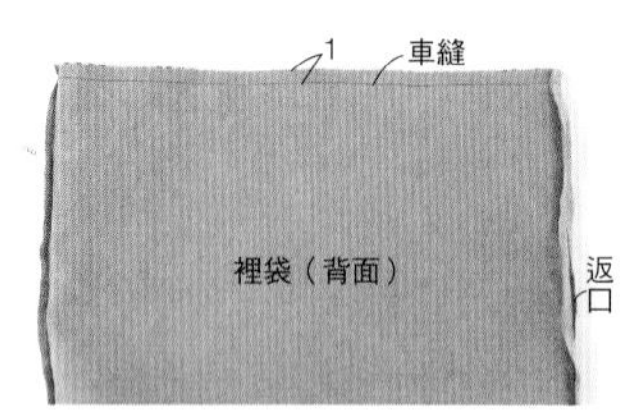

9 於袋口車縫一圈縫份1cm。

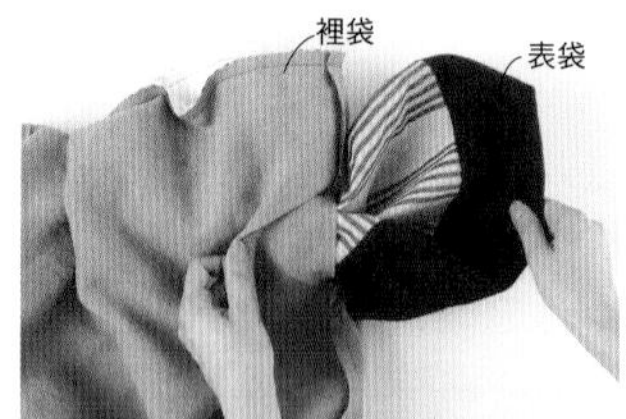

10 由返口將袋身翻至正面，並縫合裡袋的返口。

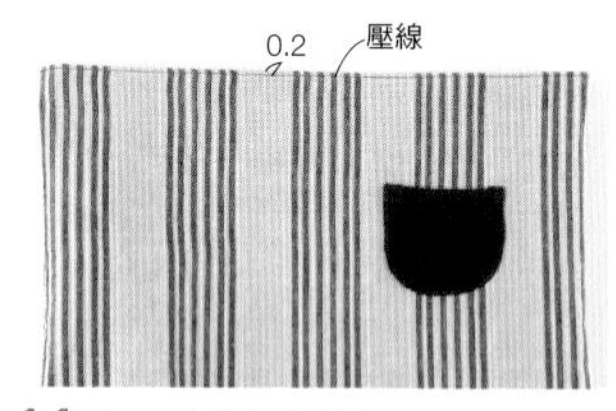

11 於袋口處壓縫一圈。

5. 固定提把

★車縫順序

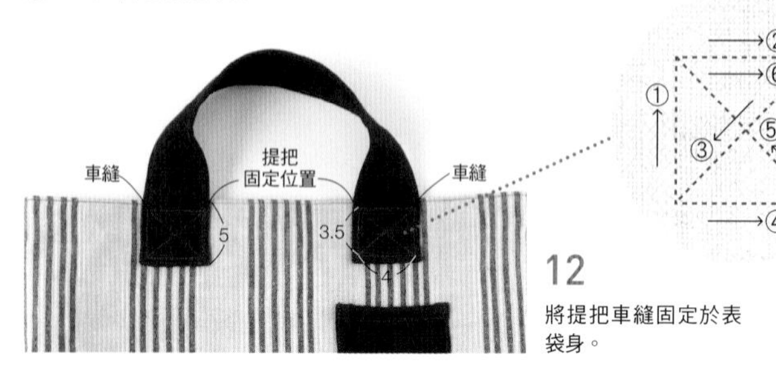

12 將提把車縫固定於表袋身。

Arrange 1 蕾絲波紋鑲邊托特包

除右方特別說明之步驟外，其餘均與Basic相同。

★表袋的製作方法

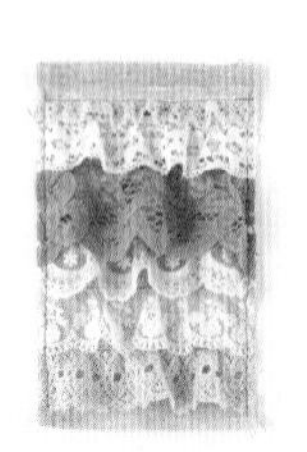

1 將蕾絲以F至A的順序車縫固定於前中央布蕾絲固定位置上（蕾絲的固定位置請參考紙型）。

back

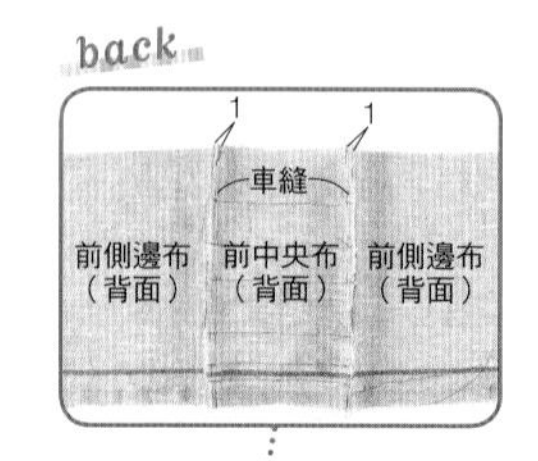

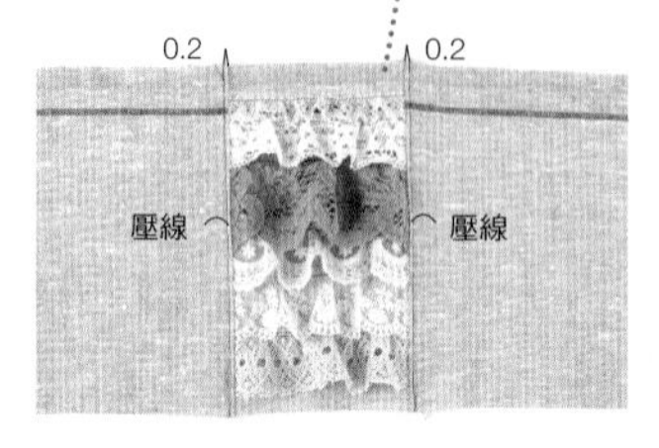

2 將前側邊布與前中央布正面相對縫合。縫份倒向前側邊布，並由正面進行壓線。

front

back

3 與Basic製作相同，將上袋身與下袋身正面相對車縫。縫份倒向下袋身，並由正面進行壓線。

★提把的固定方法

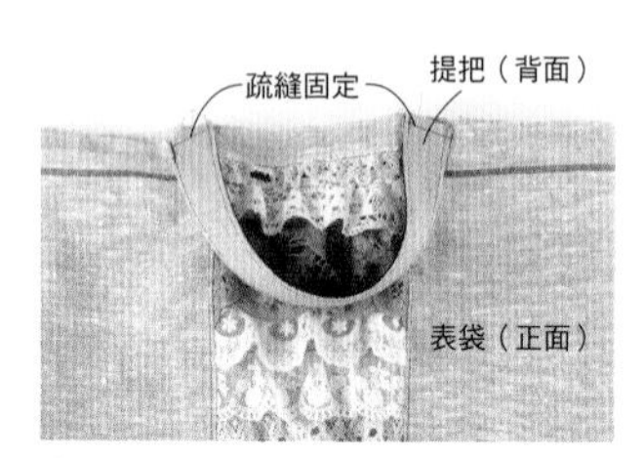

1 將提把暫時車縫固定於表袋身。

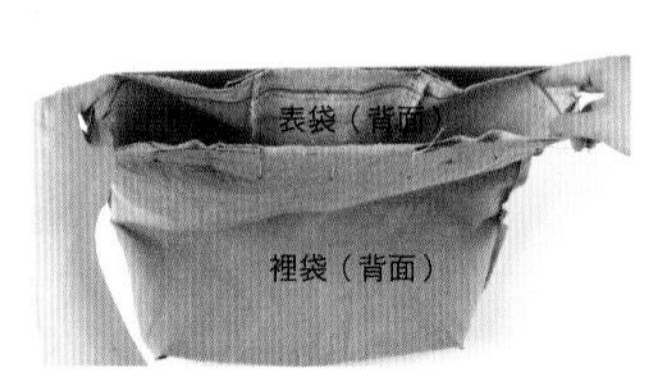

2 將表袋和裡袋正面相對套入，以珠針固定袋口並縫合。

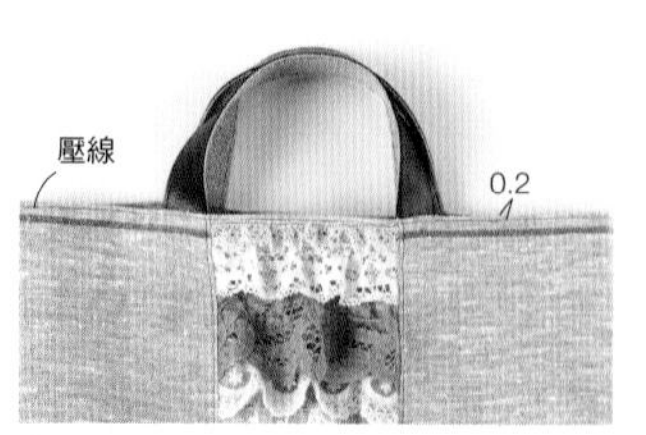

3 從返口翻回正面，並縫合返口。於袋口處壓線一圈即完成。

Arrange 2

圓鼓鼓托特包

除右方特別說明之步驟外，其餘均與Basic相同。
提把的固定方法與Arrange1相同。

★表袋的製作方法

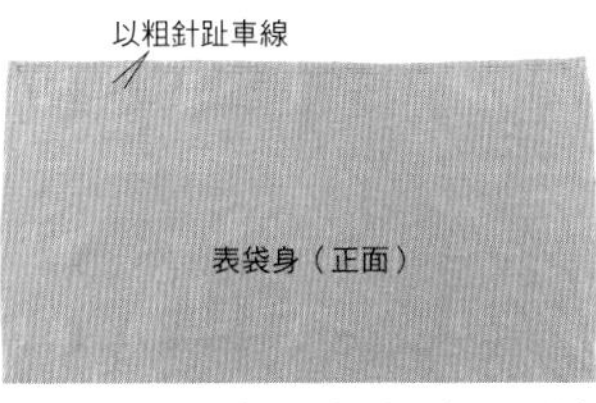

1 於袋口縫份處，以粗針趾車縫兩道車線。

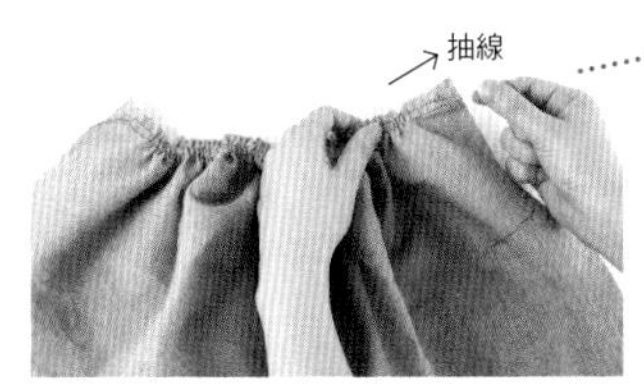

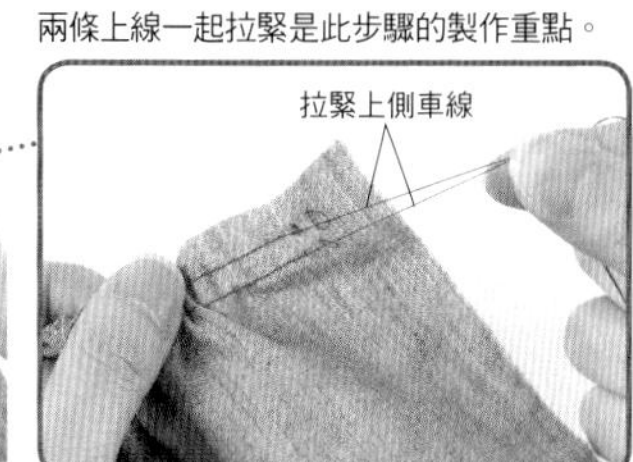

2 抽緊上線，依口布尺寸抽縐。

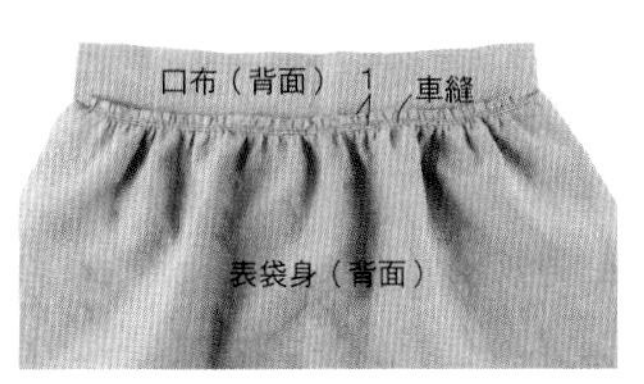

3 將口布與袋身正面相對車縫縫份1cm。另一側製作方法亦同。縫製完成後，將粗針趾的車線抽出。

裡袋的製作方法與表袋相同。接縫口布後正面相對車縫兩側。

蝴蝶吊飾的製作方法

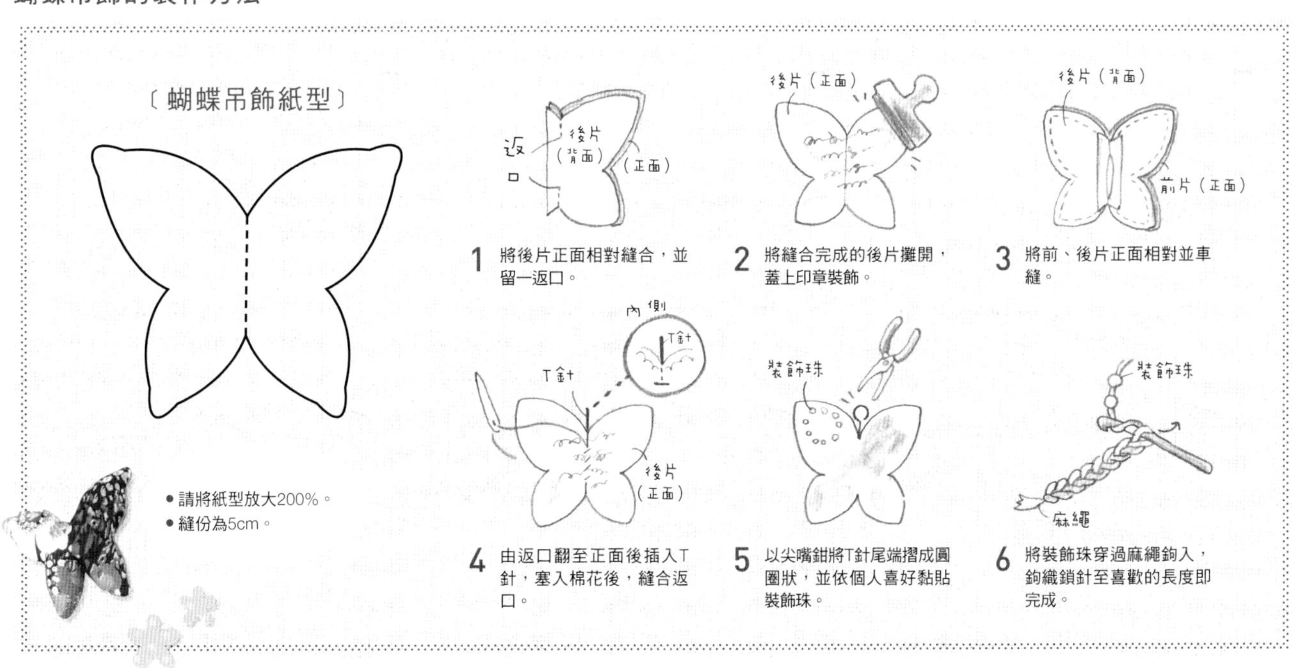

● 請將紙型放大200%。
● 縫份為5cm。

1 將後片正面相對縫合，並留一返口。

2 將縫合完成的後片攤開，蓋上印章裝飾。

3 將前、後片正面相對並車縫。

4 由返口翻至正面後插入T針，塞入棉花後，縫合返口。

5 以尖嘴鉗將T針尾端摺成圓圈狀，並依個人喜好黏貼裝飾珠。

6 將裝飾珠穿過麻繩鉤入，鉤織鎖針至喜歡的長度即完成。

2. shoulder bag

肩背包

垂掛於肩膀上的包包，使用相當便利。
除了可調整長度的肩背帶之外，另外縫製提把，
還可加上口袋或束口，隨心所欲變化設計。

雙面兩用的設計，其中一面於白底縫上深藍色織帶和鈕釦。橢圓形的袋底使空間相當寬敞。由於使用帆布製作，稍具伸展性，因此使用非常方便。

Basic 難易度 ★

附提把兩用肩背包

藍╳白的清爽配色，帶有些許海洋風格，適合搭配各種裝扮。
肩背帶可依繫結的位置自由的調整長度。因為加上了提把，所以可選擇肩背或手提使用。

● 作法（LESSON2）➔P.36～

DESIGN&MAKE／Sayaka Akamine
布料提供／布の通販L'idée　衣架／AWABEES

Arrange 1 難易度 ★

小花圖案
簡約風格肩背包

拋開繁複的提把和口袋，
使整體設計變得更加簡潔。
選擇顏色較優雅的小花布料，
製作展現女性可愛氣質的肩背包。

● 作法（LESSON2）➜ P.36～

只須將肩背帶隨興繫於側邊的D型環上，即可調整肩背帶的長度。若繫得更短一些，也可作為單肩背包使用。

布料提供／LIBERTY JAPAN
罩衫&褲子／naivewater

Arrange 2 難易度★★

束口肩背包

此包款加上了口袋和束口設計。
於組合袋身前先將口袋固定，
完成後再縫製束口。
只要束起袋口，就不擔心物品外露了。

● 作法（LESSON2）➔ P.36～

口袋刻意選用布邊製作，以增加設計感，並於側身隨興車縫兩道壓線。不使用D型環固定肩背帶，而是運用同一片布料縫製吊耳布，使整體感更提升。

布料提供／home craft

(Lesson 2) 肩背包

● 原寸紙型 Ⅱ 面〔F〕

完成尺寸（不含提把、肩背帶）
Basic　寬×高×袋底寬：約36×30×26cm
Arrange1　寬×高×袋底寬：約36×30×26cm
Arrange2　寬×高×袋底寬：約36×30×26cm

Basic

材料

- 11號帆布(深藍色)　………110×65cm
- 11號帆布(原色)　…………110×65cm
- 寬0.6cm織帶(深藍色)…………160cm
- 直徑1.5cm裝飾釦…………………1組
- 內徑3cm D型環　…………………1個

裁布圖

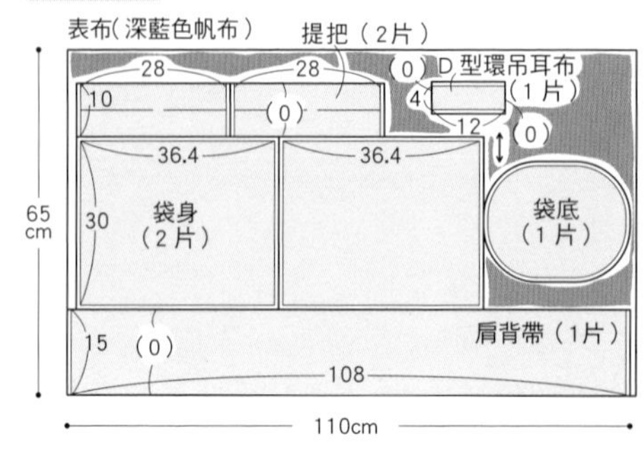

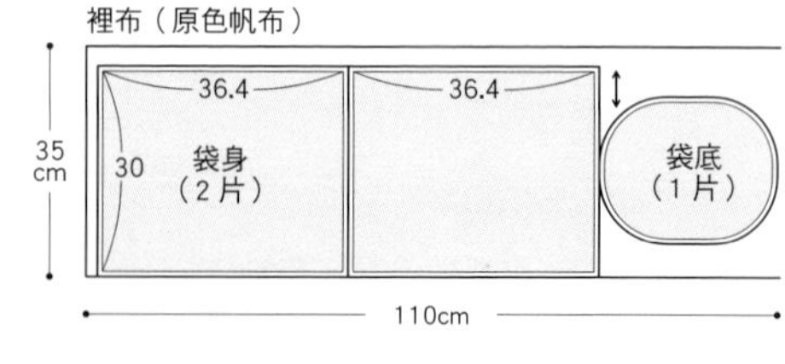

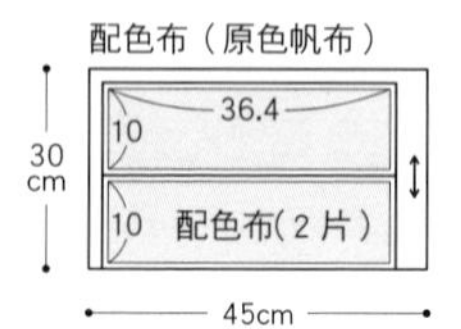

Arrange 1

材料

- 花布　…………………………110×60cm
- 素色亞麻布　………………110×35cm
- 布襯　…………………………110×40cm
- 內徑3cm D型環　…………………1個

裁布圖

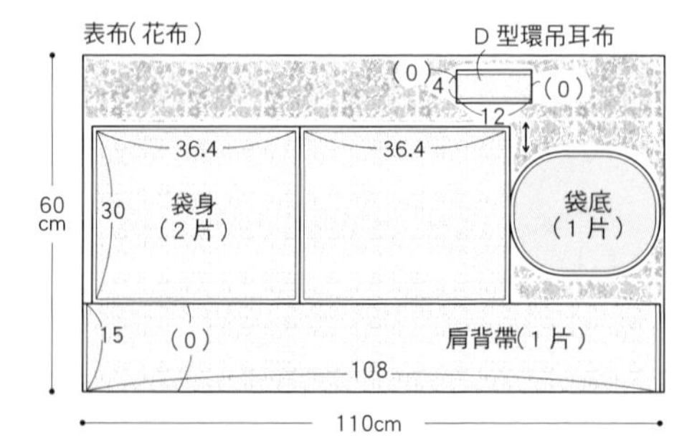

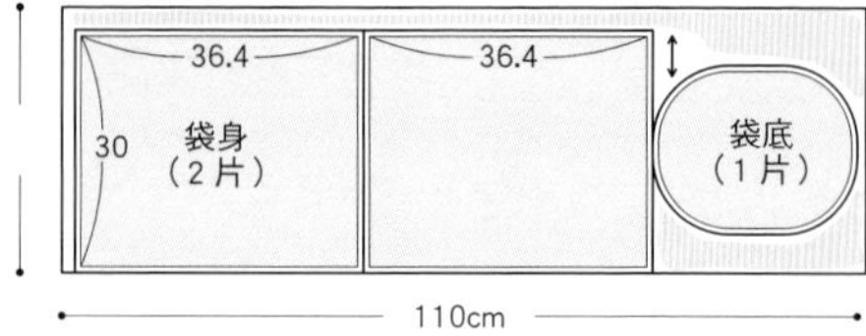

Arrange 2

材料

- 素色亞麻布　……………110×100cm
- 直條紋亞麻布…………………110×60cm
- 布襯　…………………………110×40cm
- 寬2cm亞麻織帶　………100cm　2條
- 25號刺繡線白色　…………………適量

裁布圖

表布(素色亞麻布)

22　(0)　36.4　運用布邊　口袋布(1片)　肩背帶吊耳布(1片)　(0)　17　12　36.4　36.4　30　袋身(2片)　袋底(1片)　100 cm　15　(0)　肩背帶(1片)　108　110cm

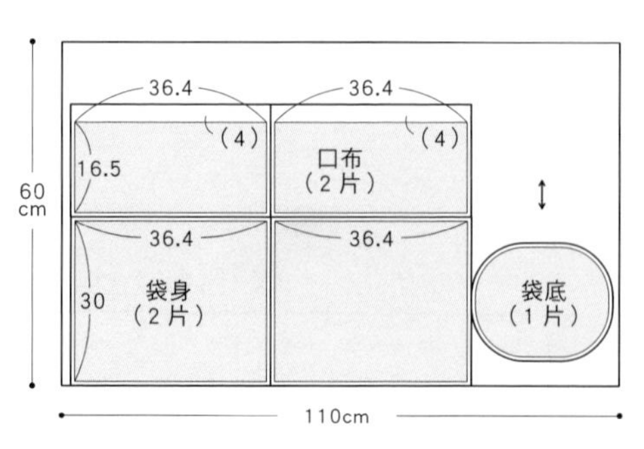

※(　)中的數字為縫份尺寸。
除指定處之外，縫份皆為1cm。
※▭表示於背面燙燙布襯。

Basic
附提把兩用肩背包

1. 製作袋身

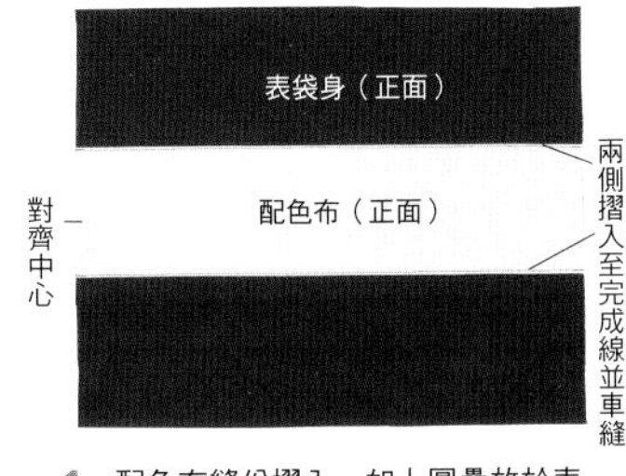

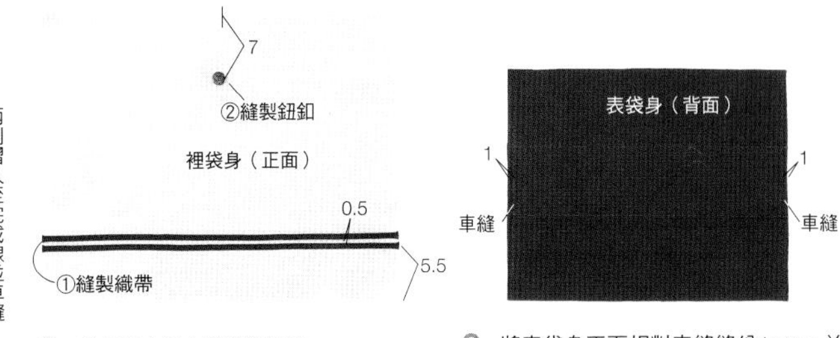

1 配色布縫份摺入，如上圖疊放於表袋身上方並車縫。

2 於裡袋身縫上織帶與鈕釦。

3 將表袋身正面相對車縫縫份1cm，並將縫份燙開。

2. 縫合表袋身和袋底

表袋身（背面）

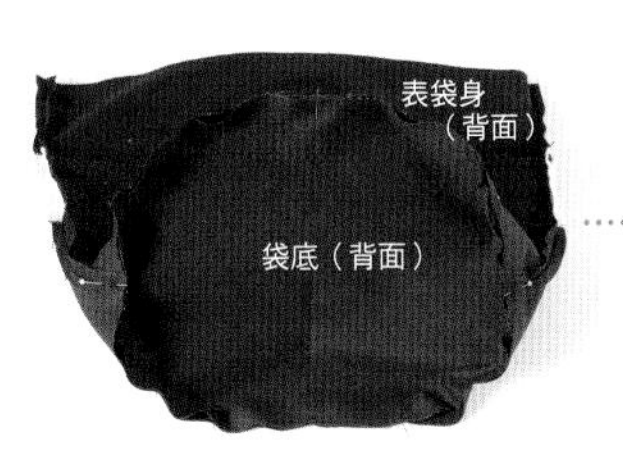

★珠針固定順序

由①→②固定後，再固定中間位置。

②
①側邊　側邊①
②

4 於袋底的上下、左右中央處，與表袋身的橫中央處製作合印記號。

5 將表袋身和袋底正面相對疊合。

珠針依兩側至中央的順序固定後，接著固定中間位置。

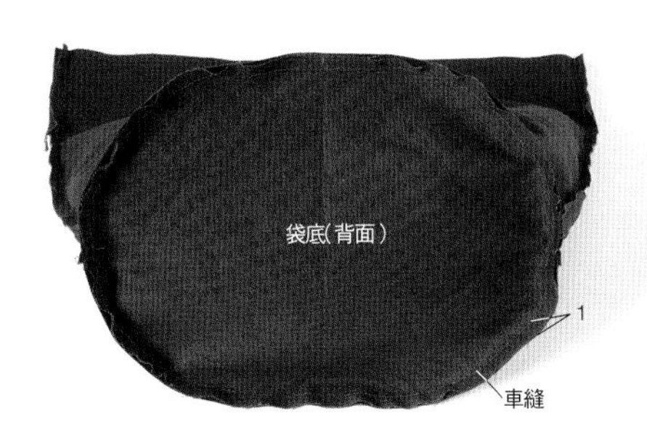

6 車縫袋底一圈縫份1cm。以手稍微固定表袋身，並同時對齊袋底邊緣慢速車縫，即可避免歪斜。

3. 製作肩背帶

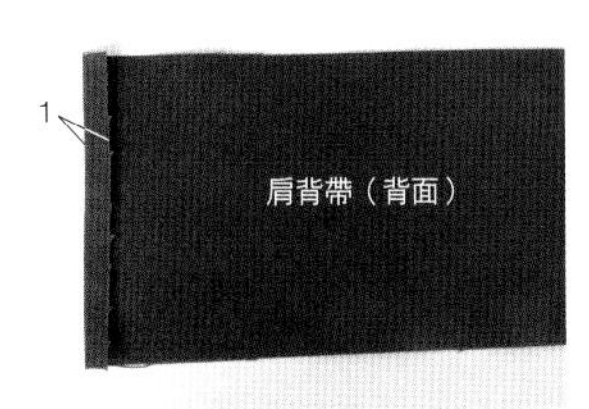

7 摺疊單側縫份1cm。

8 兩側摺向中心再對摺後，車縫L字形（摺法請參考P.16）。

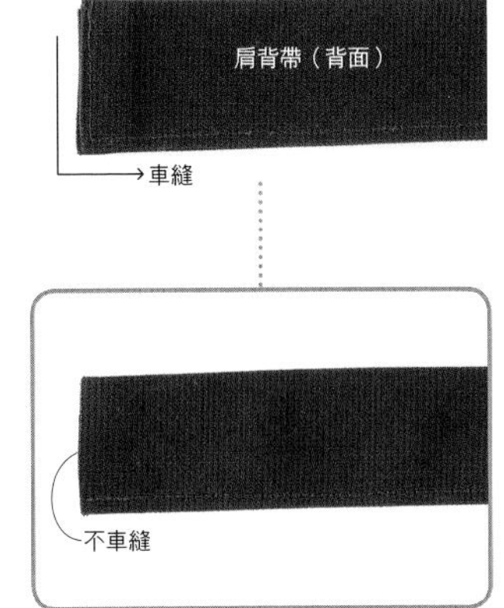

另一側不車縫。

4. 製作提把和吊耳布

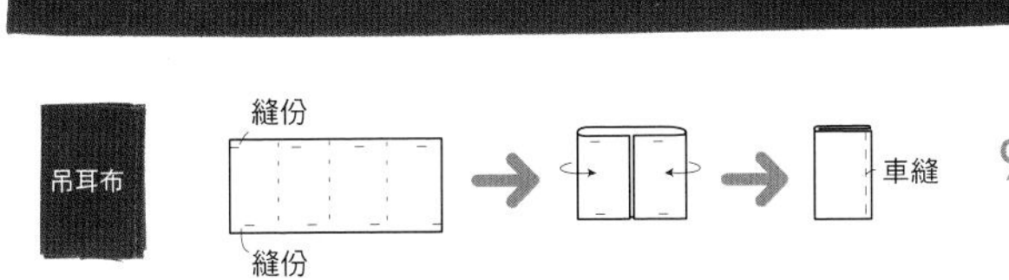

9 提把製作與P.16之方式相同，共完成兩條。D型環吊耳布（Arrange2是肩背帶吊耳布）則如左側圖示般摺疊，共製作兩條。

5. 製作裡袋

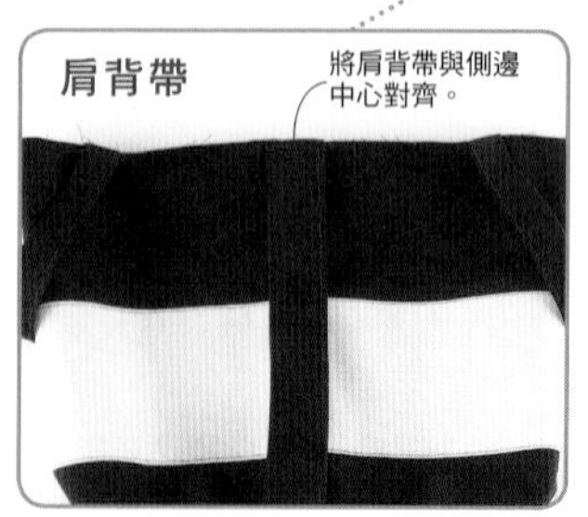

10 裡袋製作方式同表袋，將裡袋身正面相對車縫兩側，再與袋底正面相對縫合。

6. 縫合表袋&裡袋

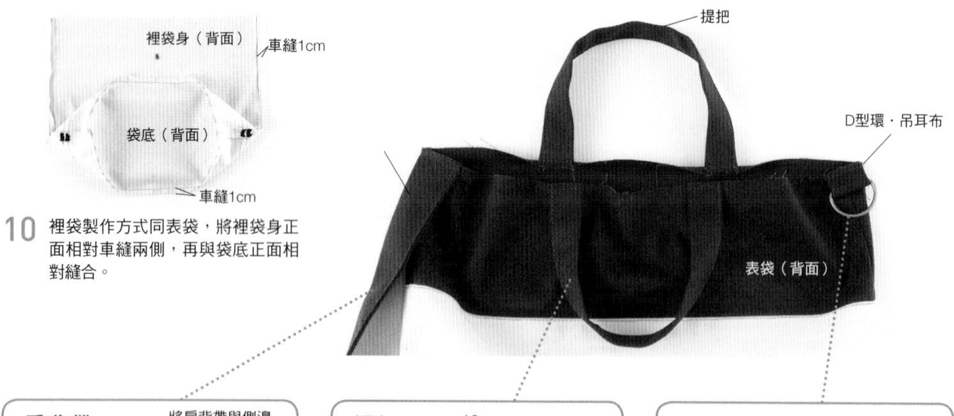

11

將提把、穿過D型環的吊耳布與肩背帶疏縫固定於表袋身。肩背帶疏縫固定於未處理縫份的那側。Arrange2的吊耳布以夾入側身車縫的方式製作。

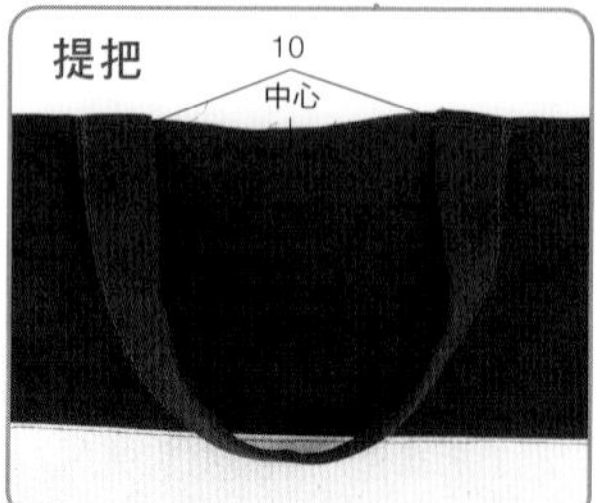

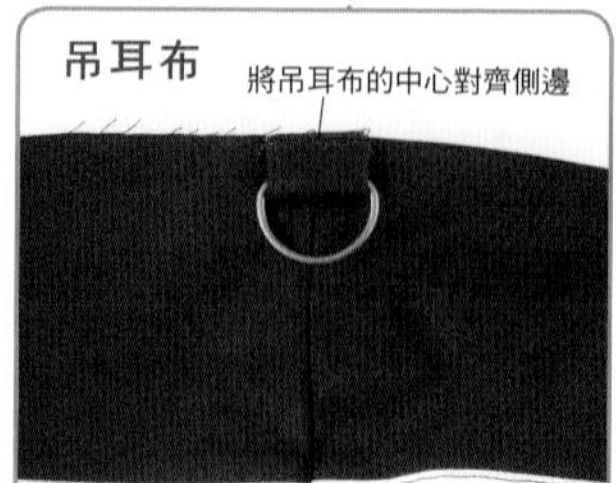

吊耳布

將吊耳布的中心對齊側邊

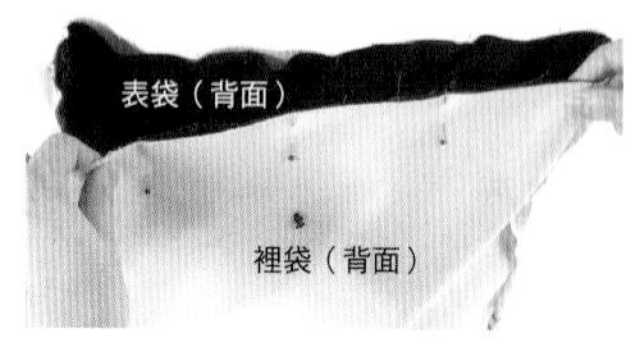

12 將表袋和裡袋正面相對疊合。

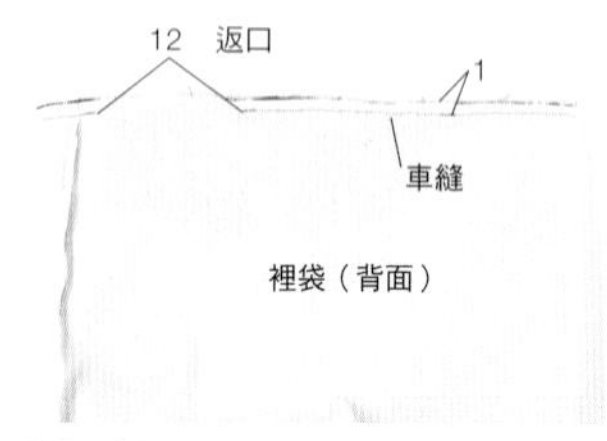

13 車縫袋口一圈並留一返口。

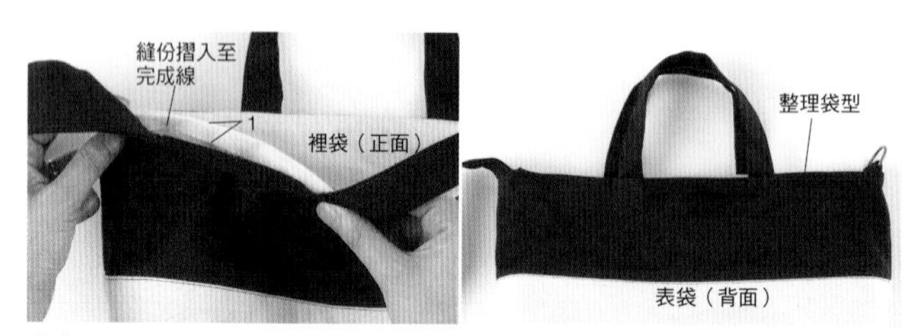

14 由返口翻至正面。將返口處之縫份摺入至完成線。並以熨斗整燙。

抛開繁複的提把設計，將表、裡各以一片布料簡單縫製而成的包款，可加上內口袋（參考P.93）等，隨心所欲完成你想要的設計。

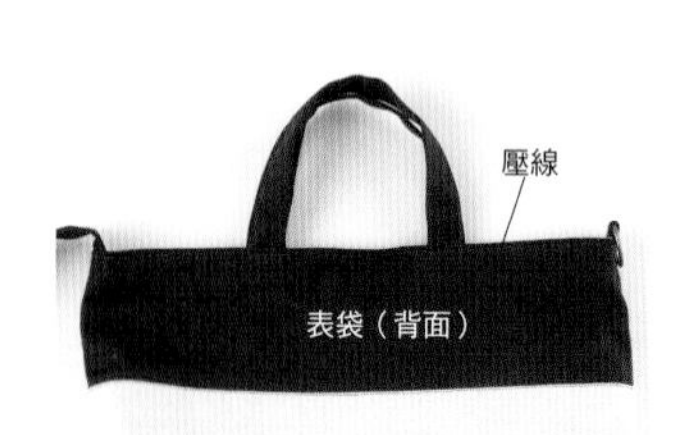

15 於袋口處壓線一圈。

Arrange 2
束口肩背包

除右方特別說明之步驟外，其餘均與Basic相同。

★表袋的製作方法

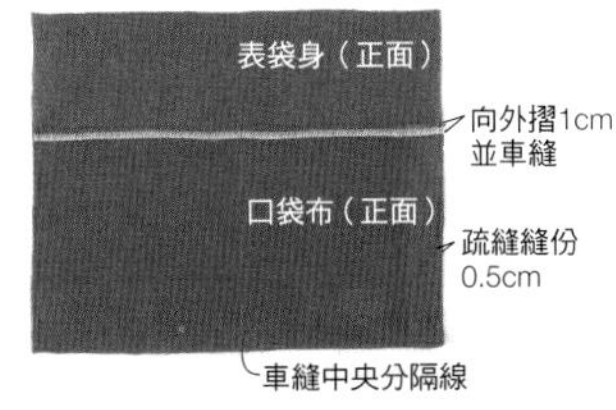

1 將口袋布之袋口（布邊側）向外側摺1cm後車縫。將口袋疏縫固定於表袋身，並車縫中央分隔線。

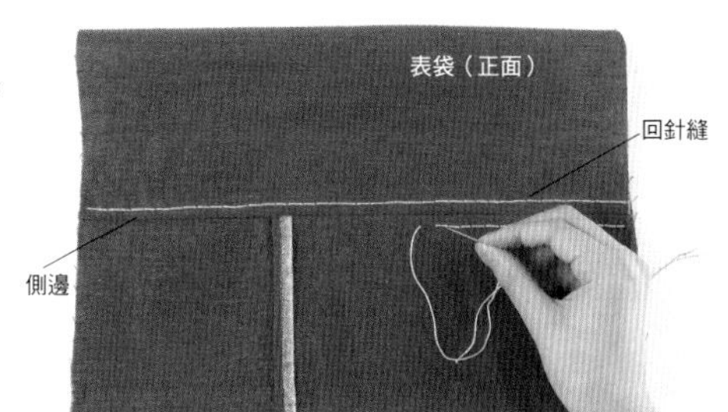

2 將表袋身正面相對車縫兩側邊後，翻至正面，將側邊的縫線調整至中間位置，於縫線兩側進行回針縫，共需完成兩道縫線。

★口布的製作方法

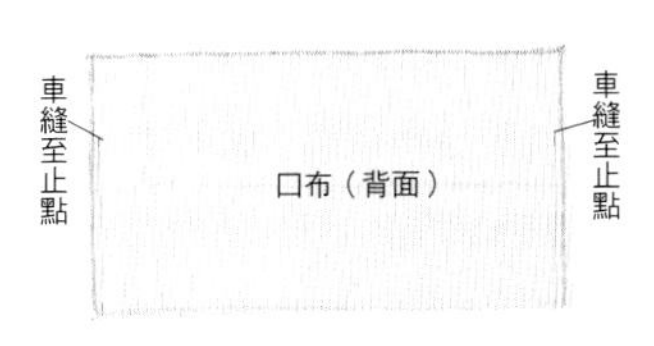

3 除了口布下端之外的縫份處，其餘三邊以Z字形車縫（或拷克）處理。將兩片口布正面相對車縫縫份1cm，至袋口止點。

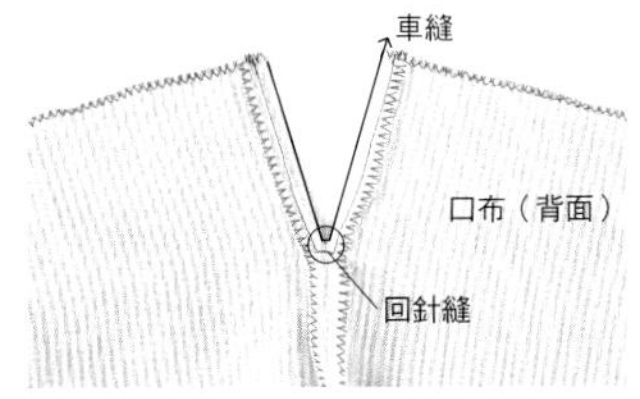

4 燙開縫份，於開口處車縫コ字形。於開口止點處進行回針縫，提升補強效果。

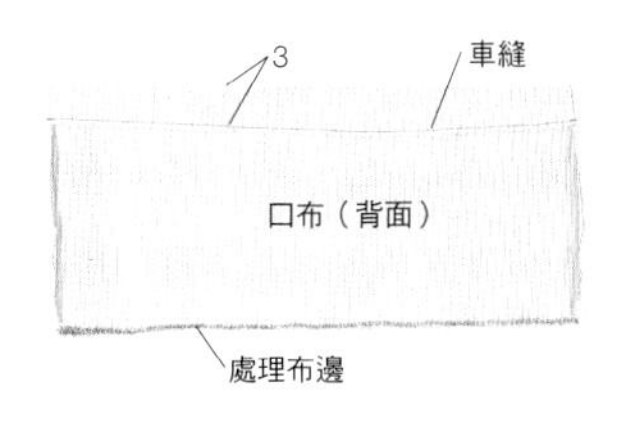

5 處理下端的縫份，將袋口摺入1cm再摺入3cm後車縫。

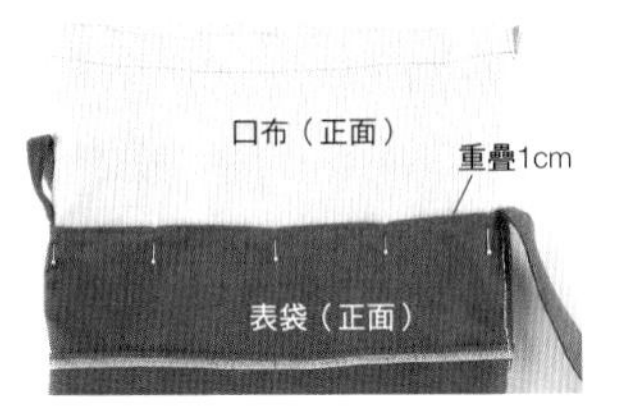

6 將口布翻至正面，並套入表袋之袋口，重疊1cm。

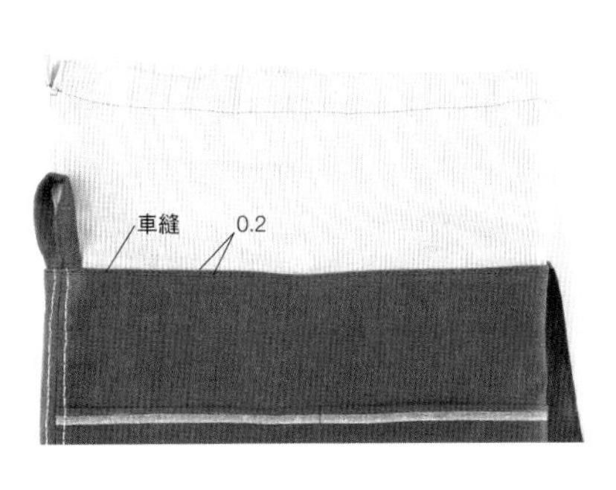

7 由正面車縫袋口一圈。

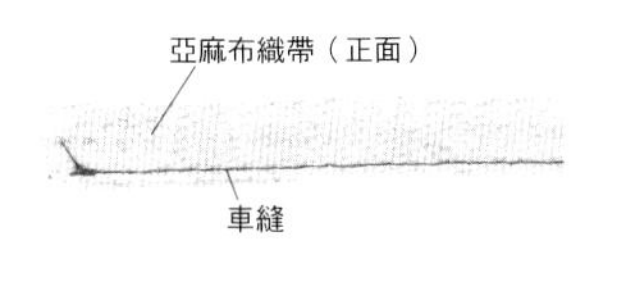

8 將亞麻布織帶對摺車縫，完成綁繩。

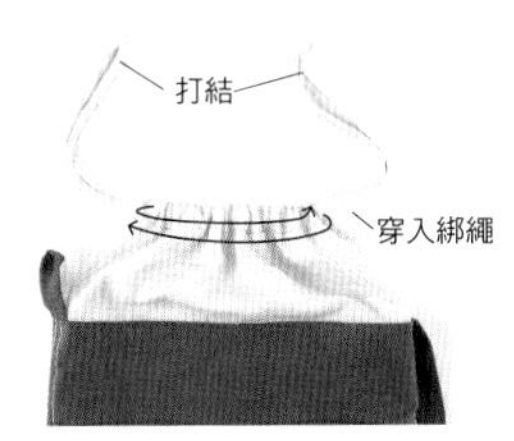

9 將綁繩穿入口布預留之穿繩口，並於尾端打結。

回針縫針法

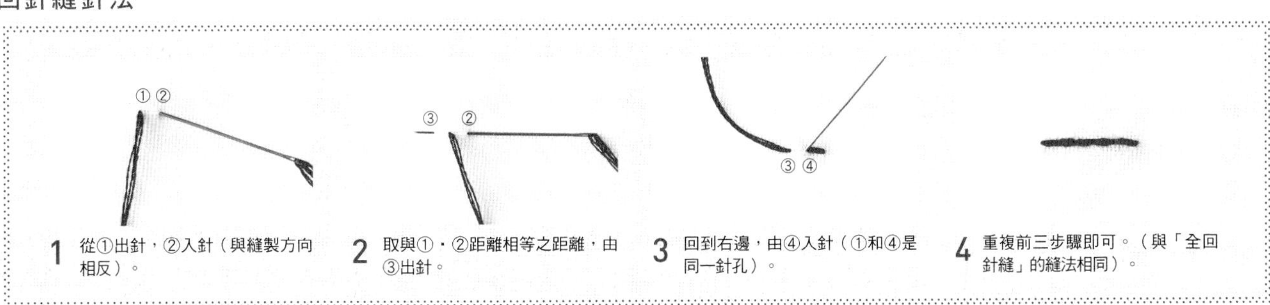

1 從①出針，②入針（與縫製方向相反）。

2 取與①・②距離相等之距離，由③出針。

3 回到右邊，由④入針（①和④是同一針孔）。

4 重複前三步驟即可。（與「全回針縫」的縫法相同）。

祖母包

祖母包的圓潤袋型相當可愛，
並採用提把與滾邊一體成型的設計。
由於提把熨燙了單膠襯棉，觸感十分柔軟，
很適合逛街時手提攜帶呢！

DESIGN&MAKE／Yukari Nukada（Navy Blue）
布料提供／田村駒（株）（「sewing pochée」原創布料）

Basic 難易度 ★

滾邊祖母包

使用1930至1950年代法國古典花朵圖案
復刻的「sewing pochée」原創布料。
滾邊和提把運用布料中的其中一色作為重點搭配。

● 作法（LESSON3）➔P.44～

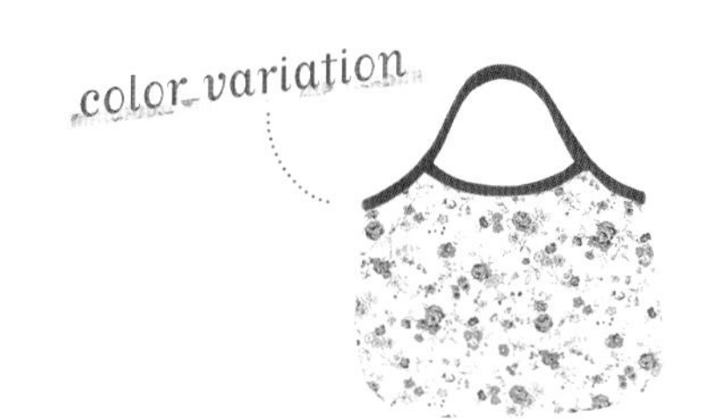

運用不同色調的粉紅色系花布時，可搭配紅色滾邊創造一致感。

裡袋布料選用沉穩的淺紫色。袋身採用小巧的尺寸，加上較大的內口袋設計，使包包變得更方便使用。

布料提供／田村駒（株）（「sewing pochée」原創布料）

Arrange 1 難易度★★

拼接褶襉祖母包

拼接表袋身並加入褶襉的變化款祖母包。
袋身接縫花布，創造視覺焦點，
寬大的袋底設計，形成如百褶裙般的袋型。
運用粗棉布搭配花朵圖案，成熟中帶有些許少女氣息。

● 作法（LESSON3）→P.44～

拼接部分的花布也是「sewing pochée」原創布料。由於花朵圖案較小，十分百搭，適用於各式手作包。

布料提供／田村駒（株）（「sewing pochée」原創布料）　桌巾／AWABEES

Arrange 2　難易度 ★★

附袋蓋祖母包

與Basic同樣款型的袋身上，
加上蕾絲點綴的袋蓋。
因為是使用耐髒且防潑水的布料製作，
所以不僅看起來硬挺，也更加牢固耐用。

● 作法（LESSON3）→P.44～

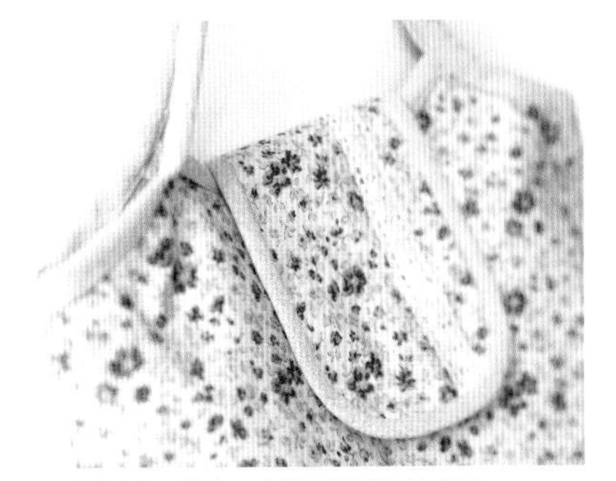

只需將袋蓋車縫至袋身。以磁釦確實的固定袋口，
逛街購物更加安心。

(Lesson 3) 祖母包

● 原寸紙型 I 面（B）

完成尺寸（不包含提把）
Basic　寬×高：約35×27cm
Arrange1　寬×高：約35×27cm
Arrange2　寬×高：約35×27cm

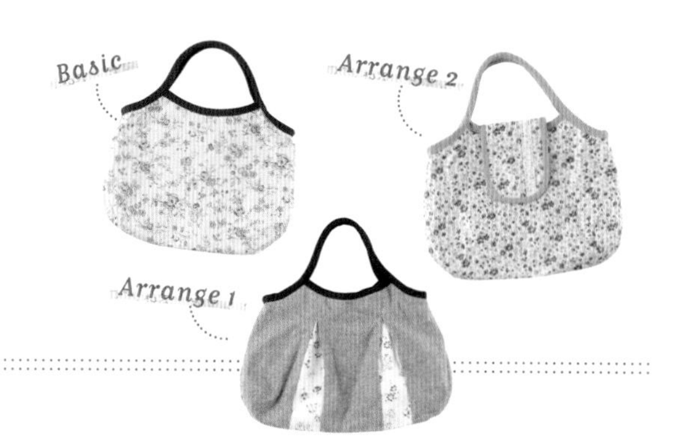

Basic

材料

- 花布 ……108×40cm
- 素色亞麻布 ……110×40cm
- 素色亞麻布（紫色）……60×50cm
- 單膠襯棉 ……34×6cm　2片

裁布圖

Basic・Arrange2皆相同

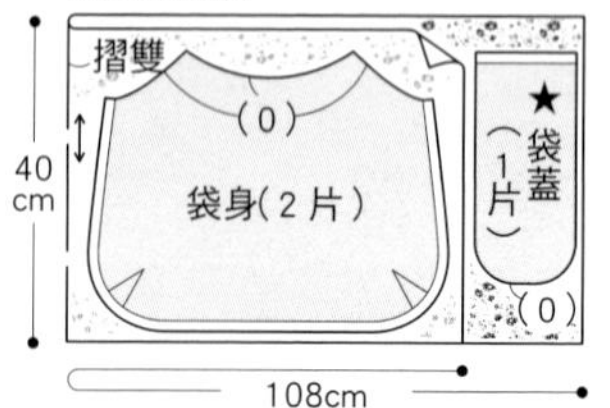

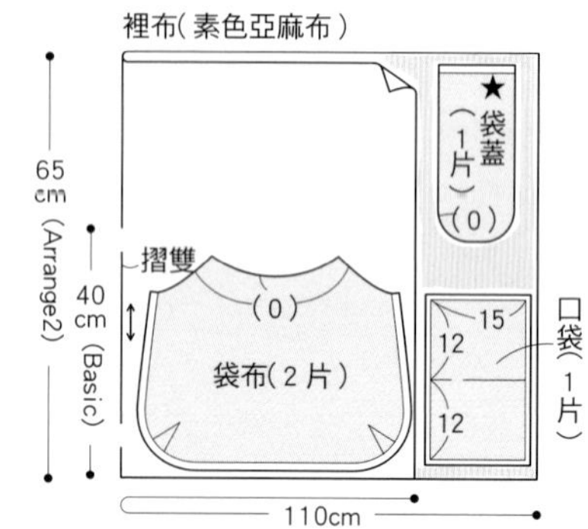

Arrange 2

材料

- 防潑水花布 ……108×40cm
- 素色亞麻布 ……110×65cm
- 素色亞麻布（滾邊條用）……60×50cm
- 單膠襯棉 ……4×6cm　2片
- 布襯 ……3×3cm
- 直徑1.5cm磁釦 ……1組

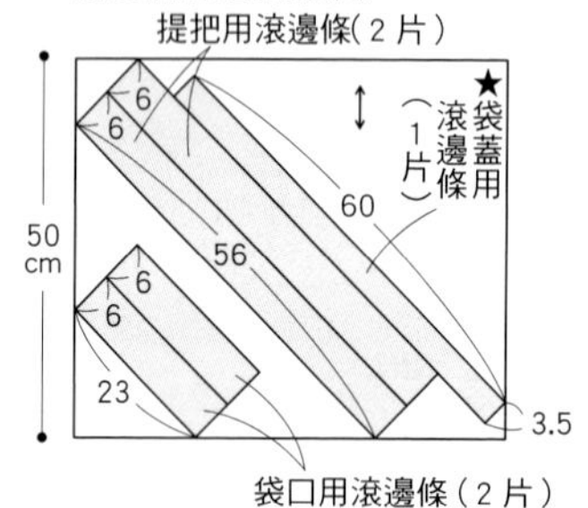

單膠襯棉熨燙位置

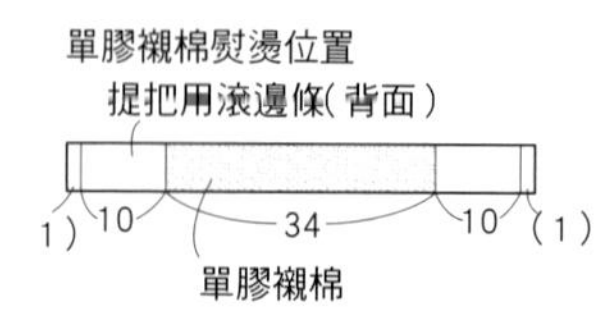

※（　）中的數字為縫份尺寸。除指定處之外，縫份皆為1cm。
※★僅Arrange2使用。
※滾邊條的裁剪方法皆相同。

Arrange 1

材料

- 粗棉布 ……110×40cm
- 花布 ……45×35cm
- 素色亞麻布 ……80×70cm
- 素色亞麻布（滾邊條用）……50×50cm
- 單膠襯棉 ……34×6cm　2片

裁布圖

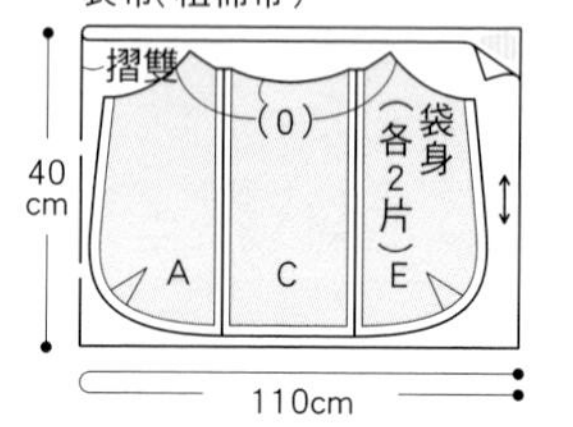

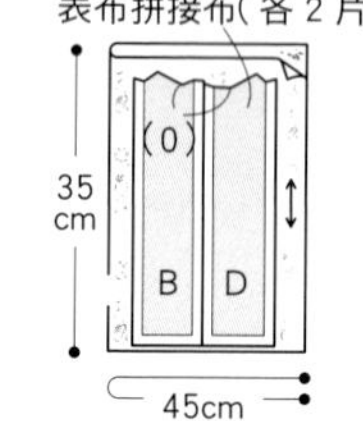

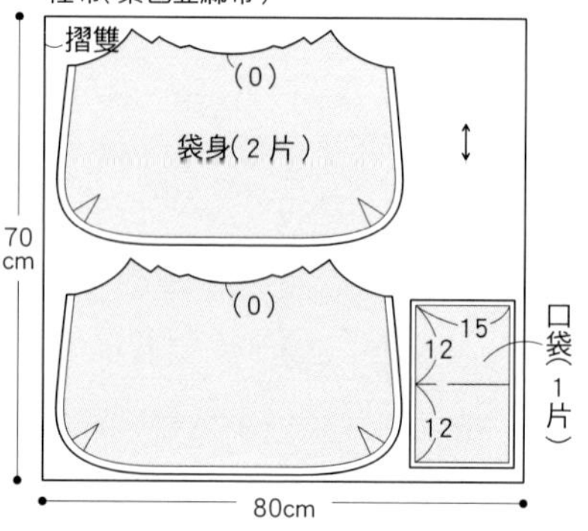

1. 製作表袋

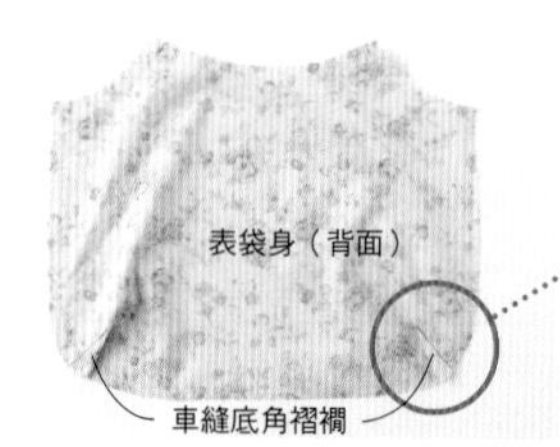

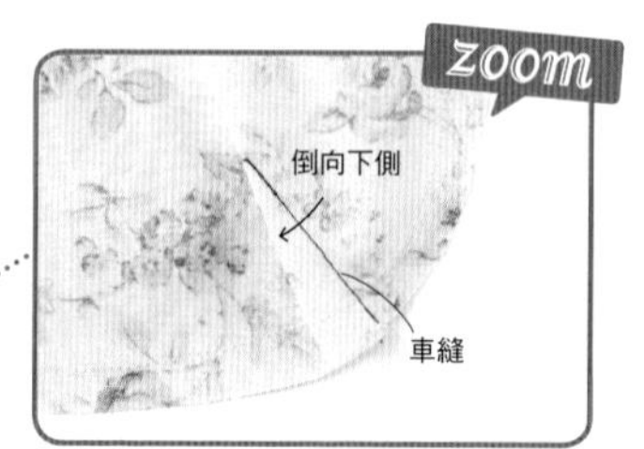

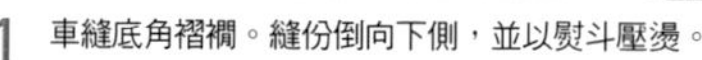

1 車縫底角摺襉。縫份倒向下側，並以熨斗壓燙。

2 將表袋身正面相對，車縫袋身處縫份1cm。

2. 製作裡袋

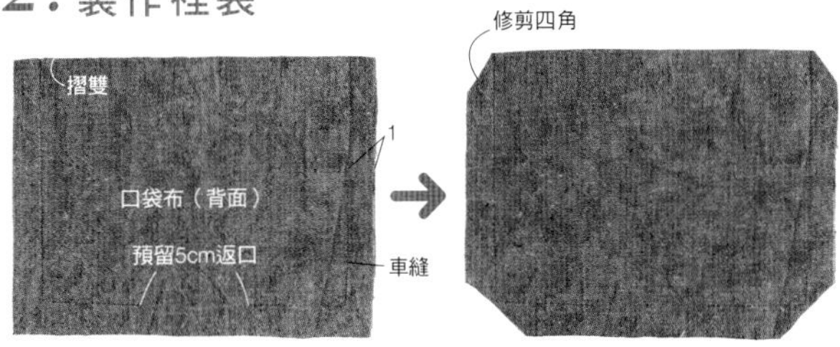

3 將口袋布正面相對車縫縫份1cm，並預留一返口。修剪四角縫份後，再翻至正面。

於口袋之袋口處車縫三角形作為補強。

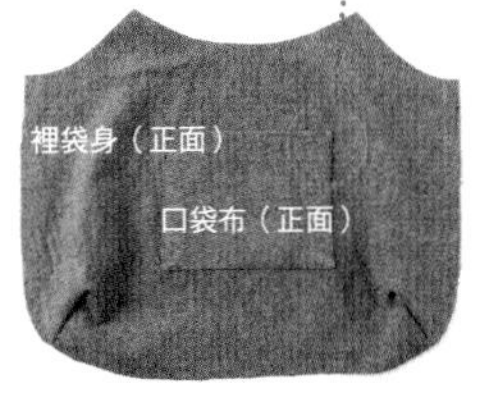

4 將返口之縫份摺入至完成線，並車縫於裡袋身的口袋固定位置。

5 裡袋製作同表袋，將裡袋身正面相對，車縫周圍。

3. 縫合表袋&裡袋

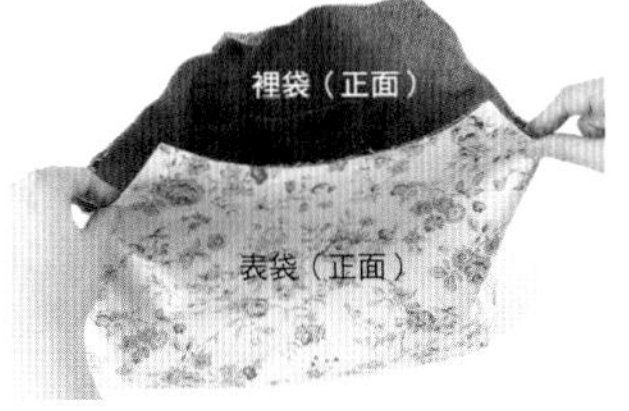

6 將裡袋放入翻至正面的表袋中。

7 車縫袋口縫份0.7cm。

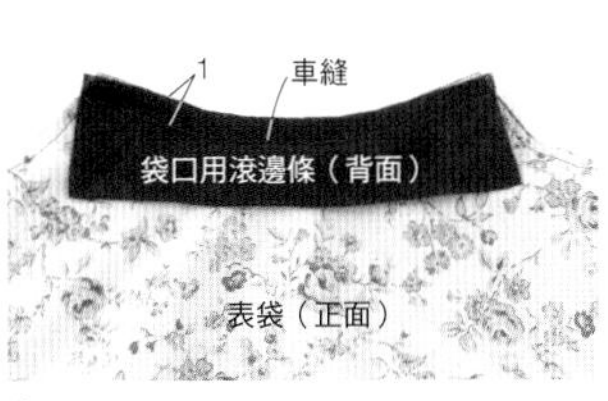

8 於前、後側袋口處分別縫上袋口用滾邊條。

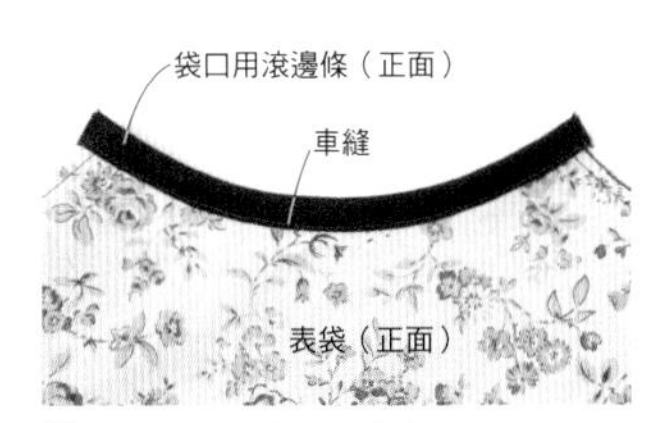

9 將袋口縫份處進行滾邊。

4. 製作提把

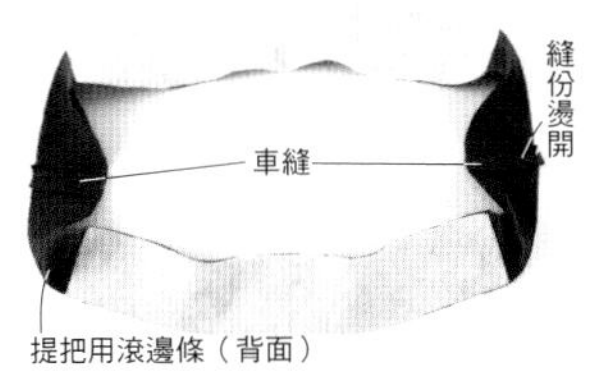

10 於提把用滾邊條上熨燙單膠襯棉，正面相對縫合後將縫份燙開。

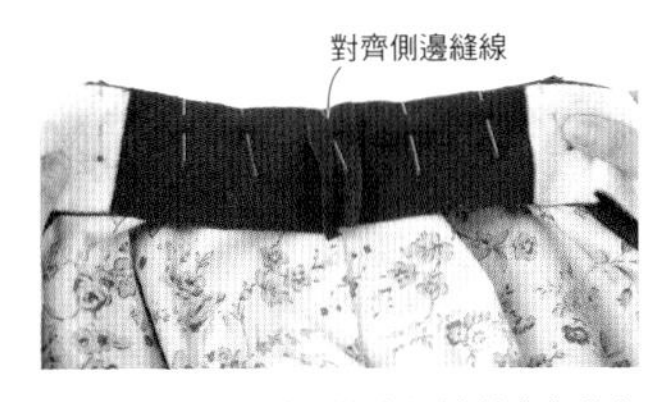

11 將提把用滾邊條之縫線對齊表袋身之側邊縫線，以珠針固定。

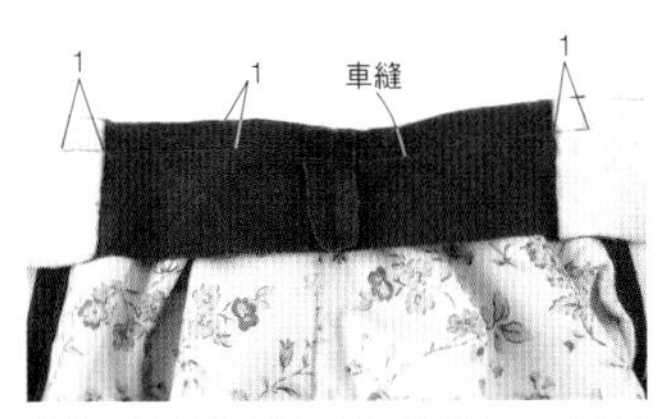

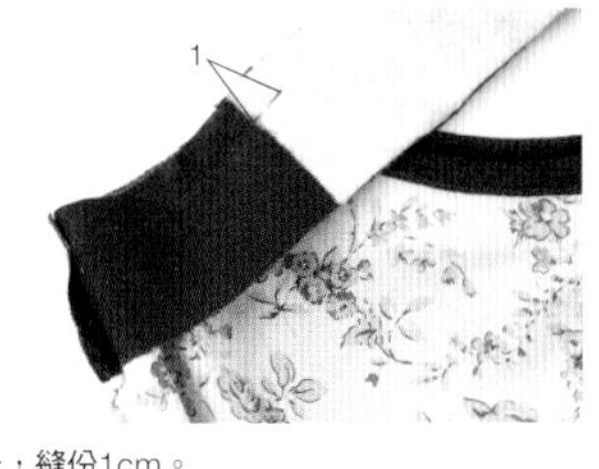

12 車縫側邊部分至袋口滾邊條1cm部分為止，縫份1cm。

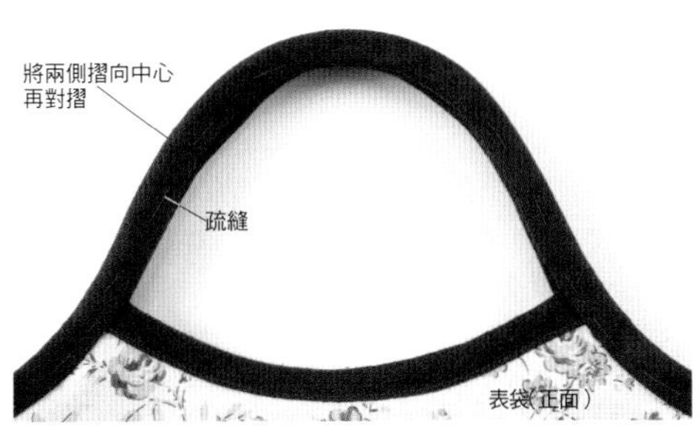

13 將側邊至提把處摺向中心再對摺，並以疏縫固定。

14 車縫側邊至提把處。由於厚度較厚，所以請放慢車縫速度。

除右方特別說明之步驟外，
其餘均與Basic相同。

★表袋的製作方法

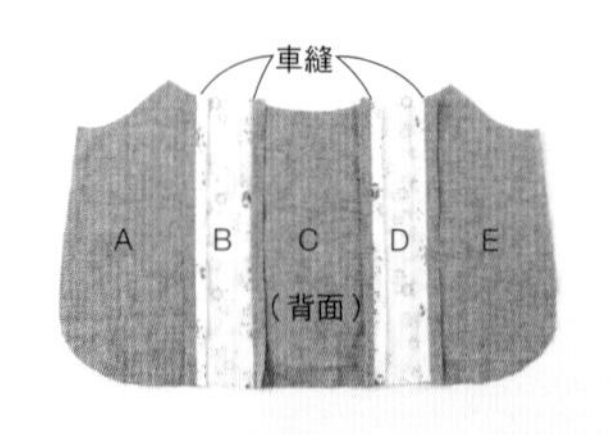

1 將A至E部分如上圖般排列，分別正面相對車縫縫份1cm。並將縫份燙開。

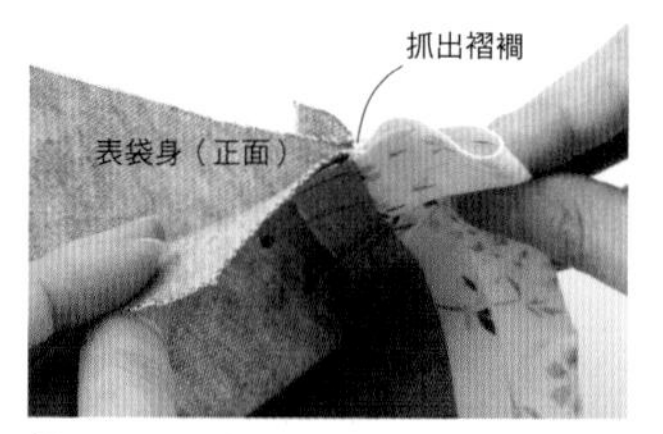

2 抓出褶襉部分，以珠針固定。

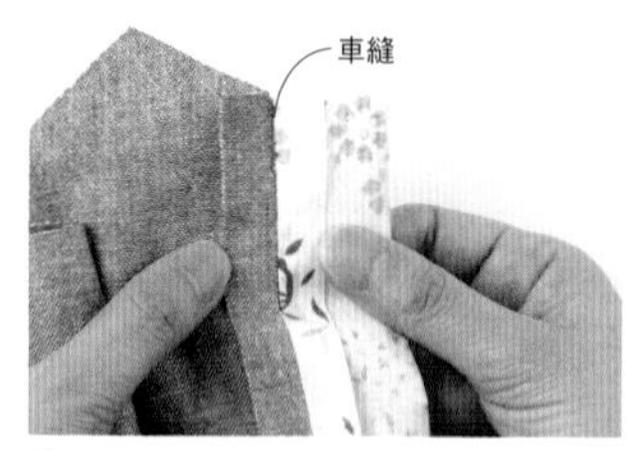

3 於步驟**1**中完成的縫線上方車縫至止點為止。

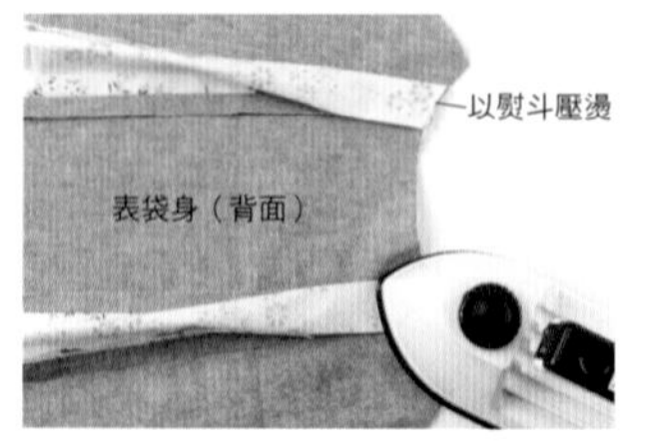

4 以熨斗壓燙，將褶襉部分攤開。

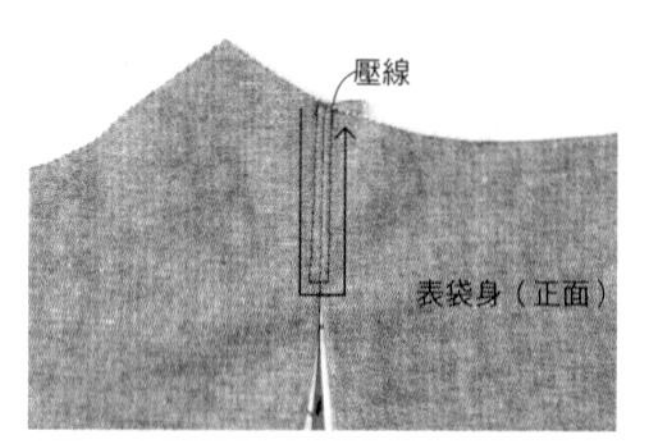

5 於褶襉部分進行コ字形車縫壓線。

★裡袋的製作方法

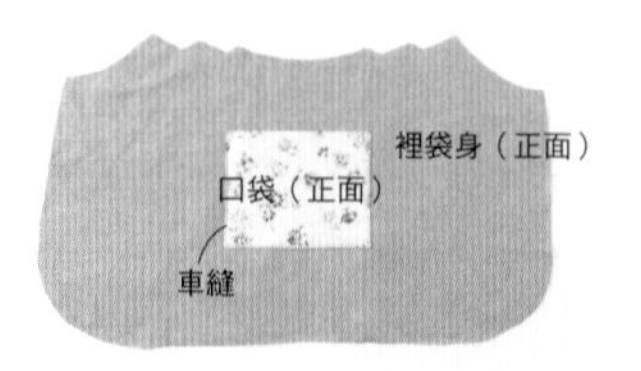

6 口袋製作方法與Basic相同，完成後車縫固定於裡袋身正面。

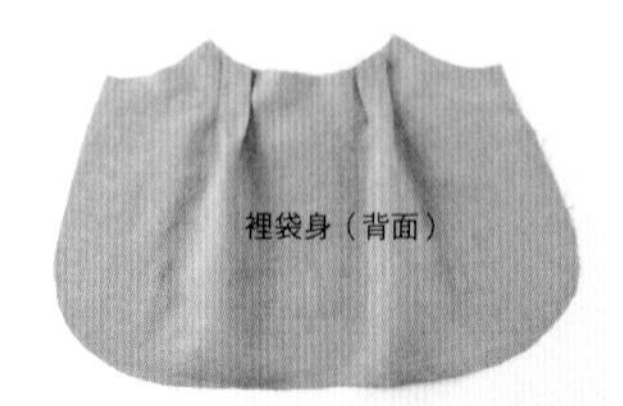

7 褶襉製作與表袋身相同，並以熨斗壓燙。但不進行コ字形車縫壓線。

運用滾邊條製作滾邊的方法

介紹以滾邊條包覆布端正面與背面，並且從正面可看見滾邊條的製作方式。

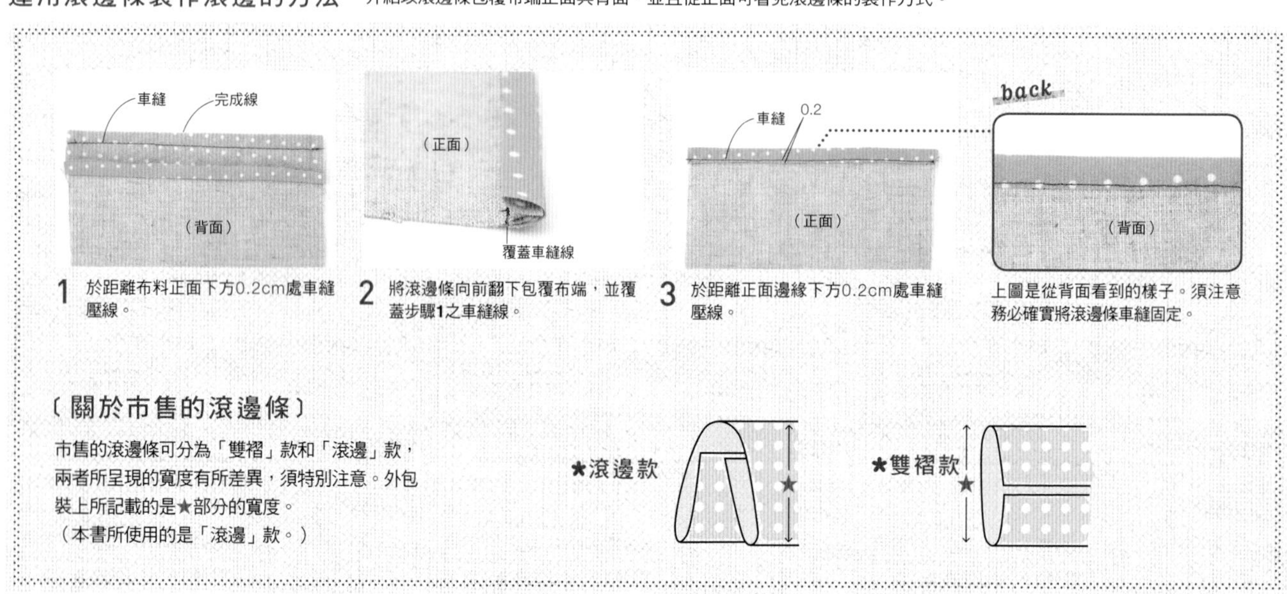

1 於距離布料正面下方0.2cm處車縫壓線。

2 將滾邊條向前翻下包覆布端，並覆蓋步驟**1**之車縫線。

3 於距離正面邊緣下方0.2cm處車縫壓線。

上圖是從背面看到的樣子。須注意務必確實將滾邊條車縫固定。

〔關於市售的滾邊條〕

市售的滾邊條可分為「雙褶」款和「滾邊」款，兩者所呈現的寬度有所差異，須特別注意。外包裝上所記載的是★部分的寬度。
（本書所使用的是「滾邊」款。）

除右方特別說明之步驟外，
其餘均與Basic相同。

＊袋蓋製作與固定方法

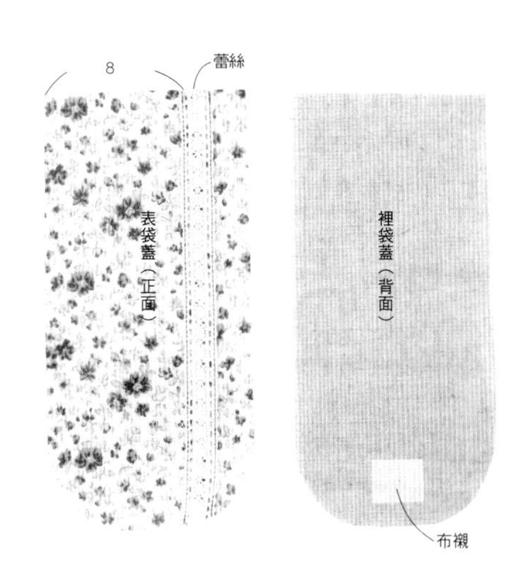

1

將蕾絲車縫於表袋蓋正面，於裡袋蓋背面磁釦安裝處，熨燙補強布襯。

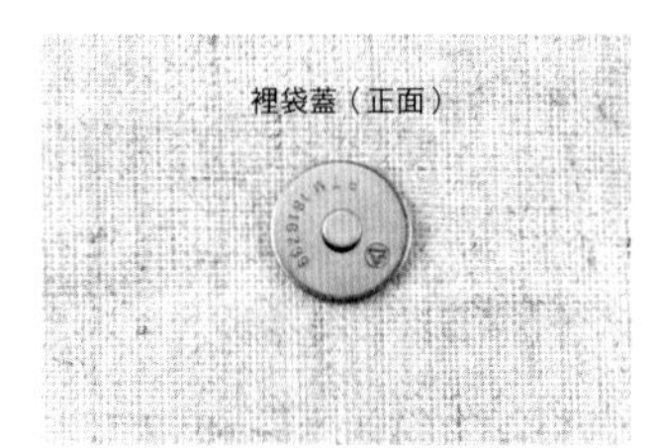

2 於裡袋蓋正面安裝磁釦（凸）（安裝方法請參考P.12）。

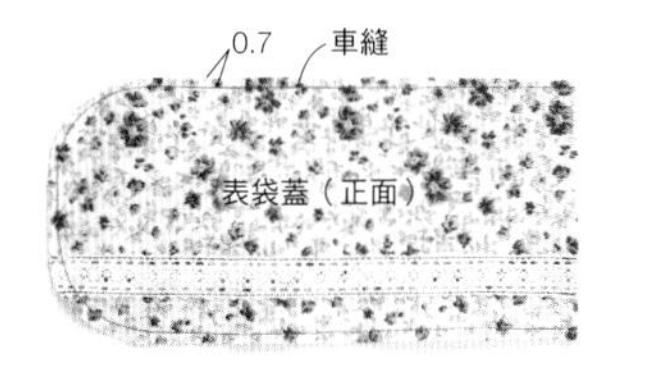

3 將表、裡袋蓋背面相對車縫。

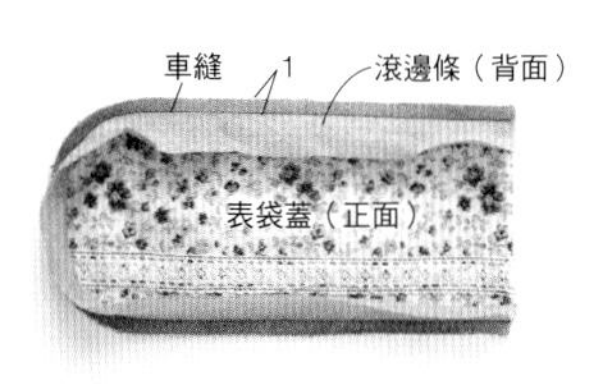

4 以滾邊條製作袋蓋滾邊。將袋蓋與滾邊條正面相對車縫。

5 於滾邊條圓弧處剪牙口。

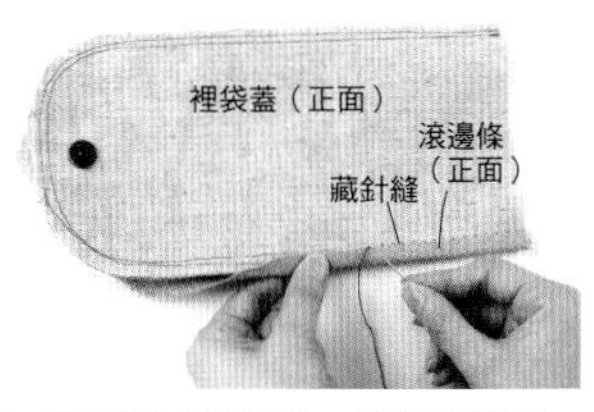

6 將滾邊條翻至正面，包覆袋蓋縫份，並以藏針縫手縫固定。

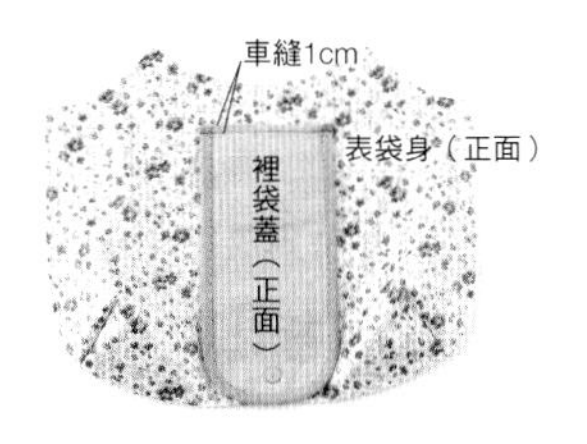

7 將袋蓋與袋身正面相對疊合，車縫於表袋身後方之袋蓋固定位置。

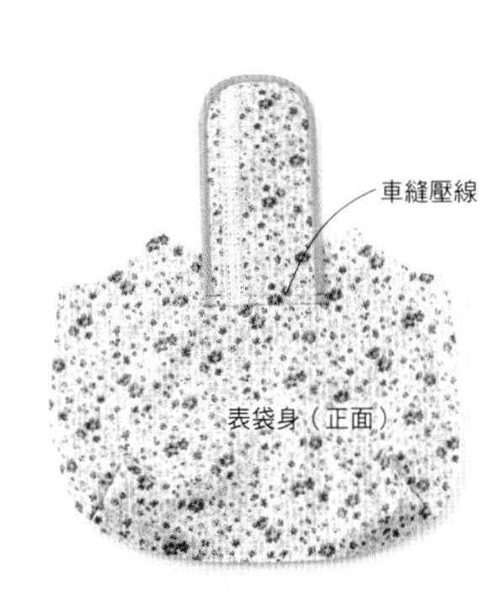

8

將袋蓋翻至正面後，進行壓線。

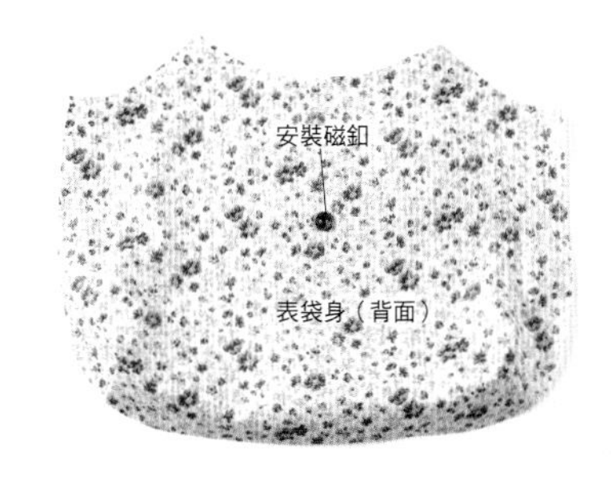

9

將磁釦（凹）安裝於表袋身正面之磁釦固定位置。

外出購物包

圓形袋底設計，又可稱為提籃包的
外出購物包，收納力超強，
運用帆布等較厚質的布料製作，
更於袋底熨燙布襯，加強整體耐用度。

Color variation

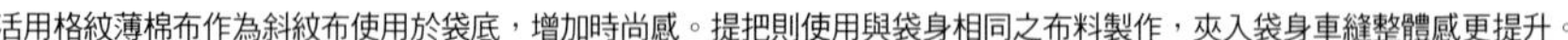
活用格紋薄棉布作為斜紋布使用於袋底，增加時尚感。提把則使用與袋身相同之布料製作，夾入袋身車縫整體感更提升。

Basic 難易度 ★

格紋外出購物包

水藍色的帆布上重疊格紋亞麻布，
加入裝飾拼接的設計，
雖然看似小巧，但容量卻大大超乎想像，
不僅可用於外出購物，
作為家中物品收納袋也相當實用。

● 作法（LESSON4）→P.51～

DESIGN&MAKE／Mioko Sugino（komihinata）

檸檬汽水糖／AWABEES

Arrange 難易度 ★★

皮革提把外出購物包

運用可愛的圓點布料製作口袋，
並搭配皮革提把，
不僅整體變得實用，質感也更加分了。
製作袋物時，色調的搭配是關鍵的訣竅唷！

● 作法(LESSON4) →P.51～

袋身縫製完成後，再以鉚釘固定皮革提把。口袋則採用稍大尺寸方便使用。

(Lesson 4) 外出購物包

● 原寸紙型 II 面（G）

完成尺寸
Basic 寬×高×袋底寬：約36×21×19cm
Arrange 寬×高×袋底寬：約36×21×19cm

Basic

材料

- 11號帆布 ………… 60×50cm
- 格紋亞麻布 ………… 70×50cm
- 布襯 ………… 25×25cm

裁布圖

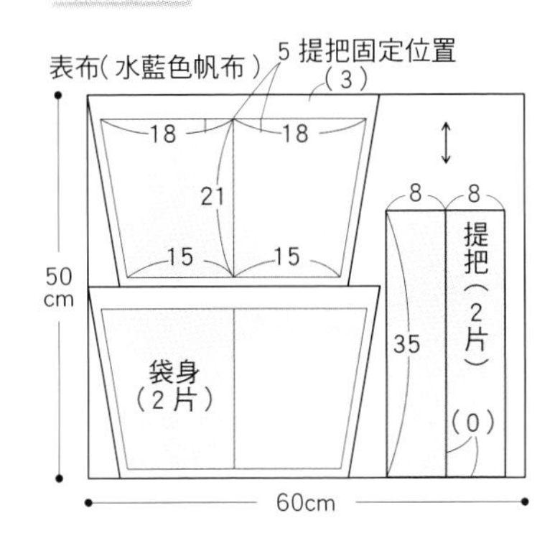

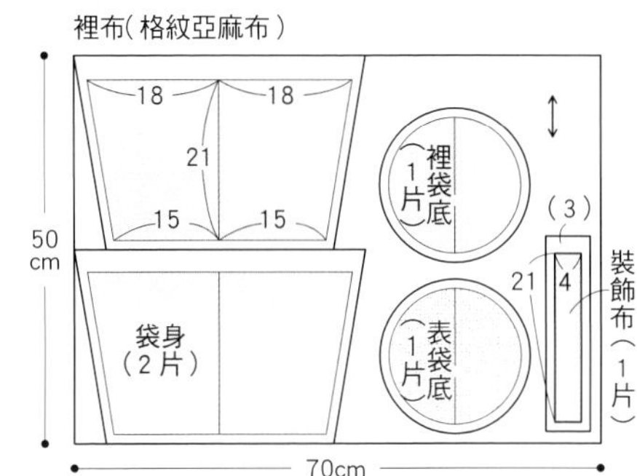

Arrange

材料

- 多條直條紋棉麻布 ………… 40×50cm
- 圓點棉麻布 ………… 80×50cm
- 布襯 ………… 25×25cm
- 寬1.5cm皮革提把 ………… 35cm 2條
- 直徑7mm鉚釘 ………… 4組
- 打洞器或雕刻刀（圓刀）、鐵鎚、切割板（可使用橡膠板、舊雜誌等代替）

※（ ）中的數字為縫份尺寸。除指定處之外，縫份皆為1cm。
※▭表示於背面燙布襯。

裁布圖

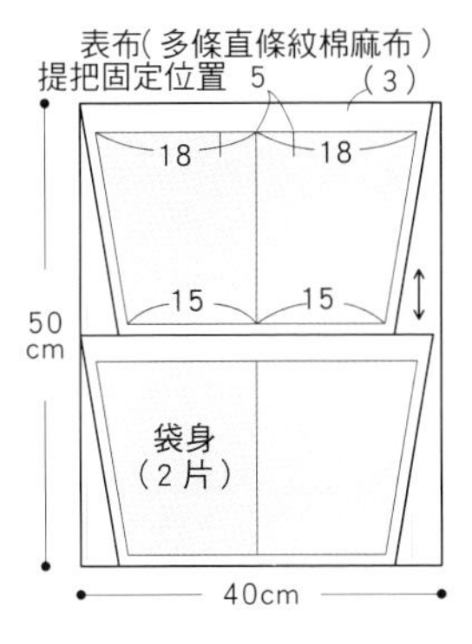

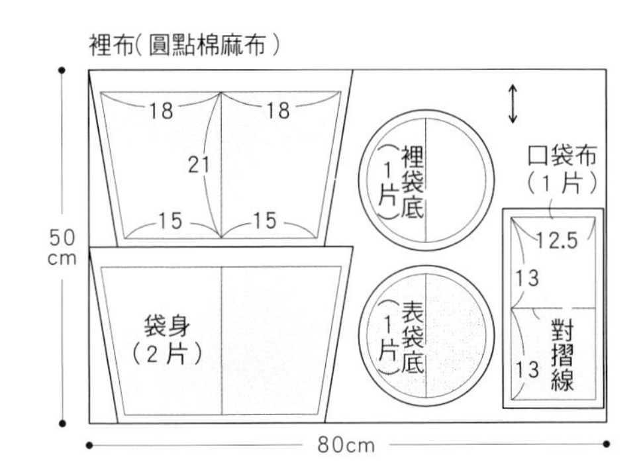

1. 依裁布圖尺寸裁剪布料＆製作記號

Basic
格紋外出購物包

表袋身
提把
表袋身
裡袋身
裡袋底
裝飾布
裡袋身
表袋底

1 加上縫份後，裁剪布料。分別於袋身底部中心和袋口中心製作記號。

2 於表袋底背面燙布襯。

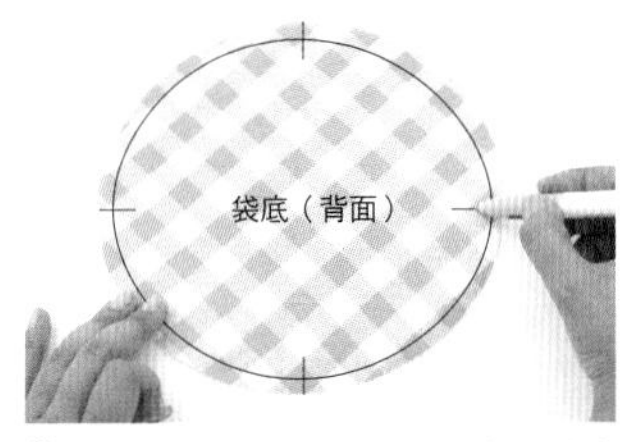

3 使袋底呈斜紋圖樣，分別於每90度處製作記號。

2.接縫裝飾布

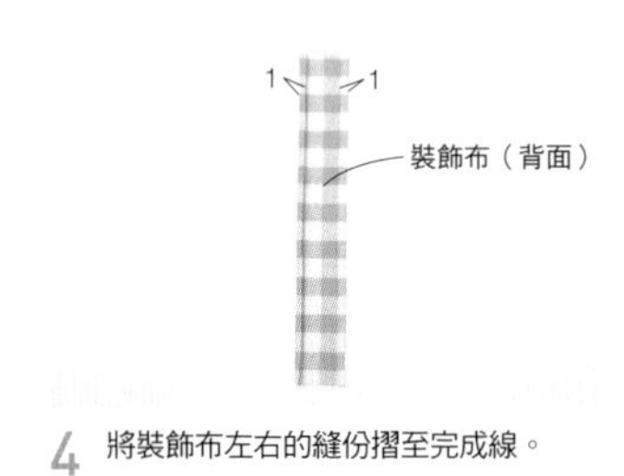

4 將裝飾布左右的縫份摺至完成線。

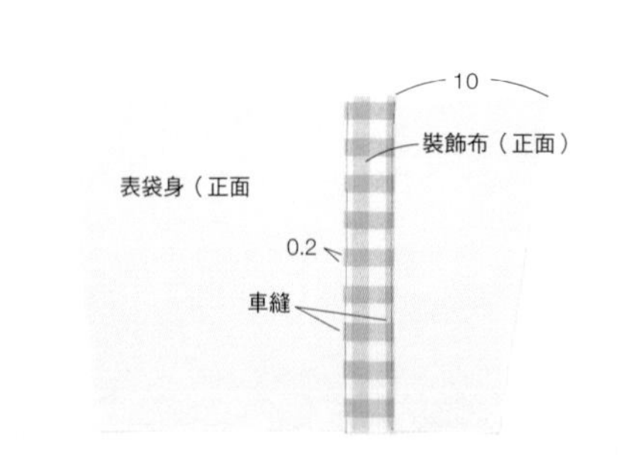

5 將裝飾布車縫於其中一片表袋身正面。

3.縫合側邊

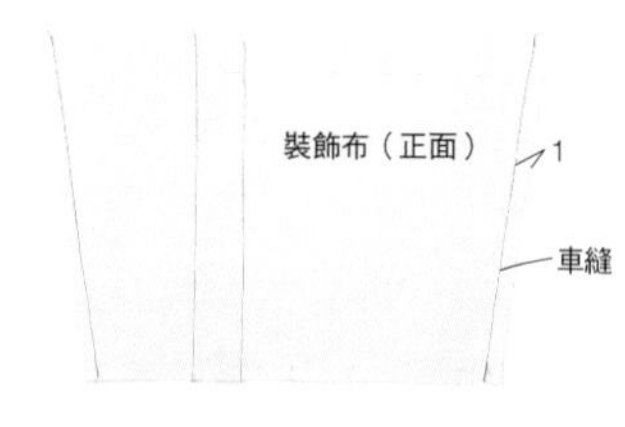

6 將兩片表袋身正面相對車縫側邊，並燙開縫份。

4.接縫袋身&袋底

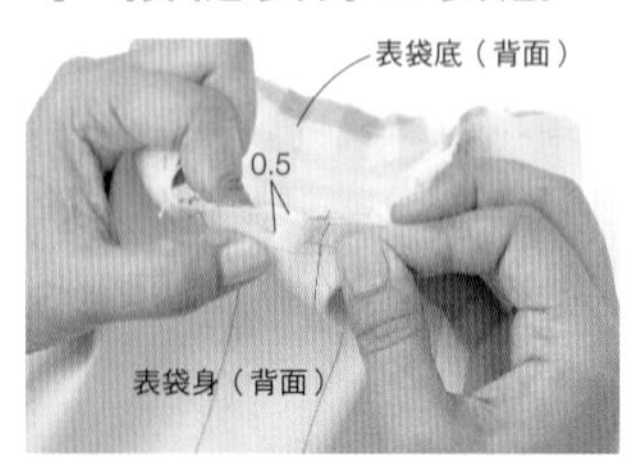

7 將表袋身與表袋底正面相對，對齊記號點，以珠針固定後進行疏縫。

8 對齊袋身與袋底，車縫一圈。

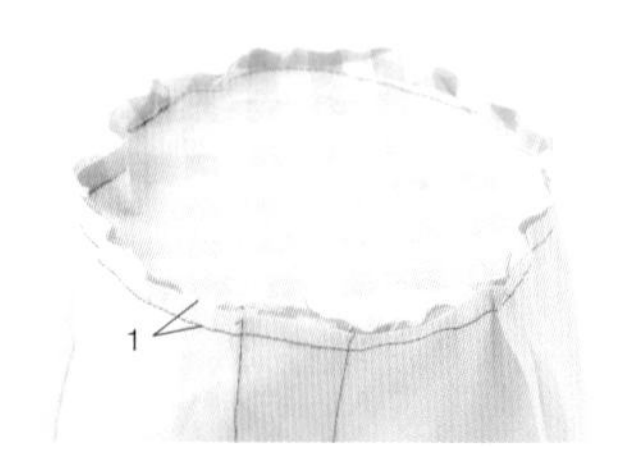

9 完成後，拆除疏縫線。表袋便製作完成了。

5.將袋口摺至完成線

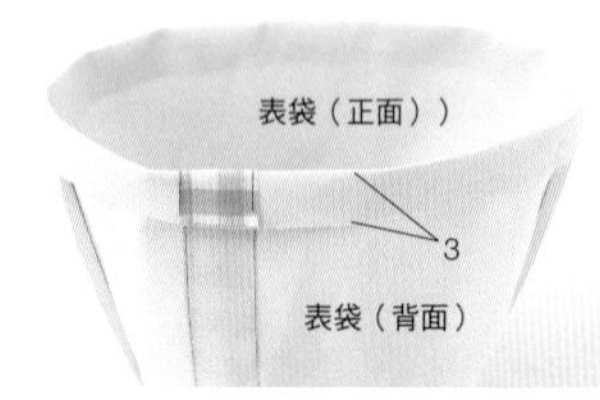

10 將袋口縫份處摺向背面。

6.裡袋製作同表袋

11 裡袋製作與表袋相同，車縫側邊和袋底，將袋口翻摺後完成裡袋。

7.製作提把

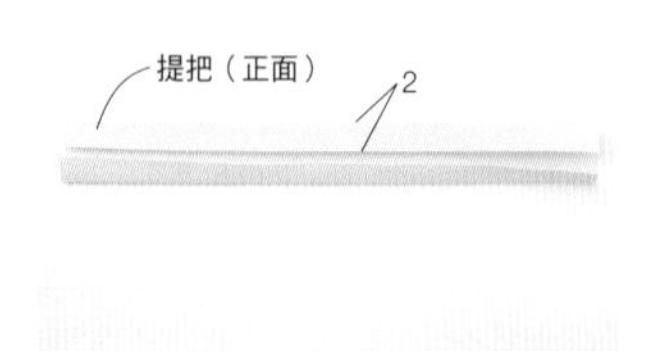

12 將提把兩側以熨斗壓摺至中心線。

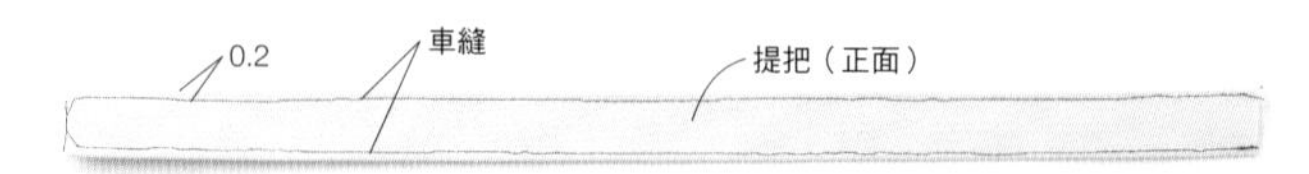

13 再次對摺，並於兩側壓縫。共製作兩條。

8.將表袋&裡袋背面相對夾車提把

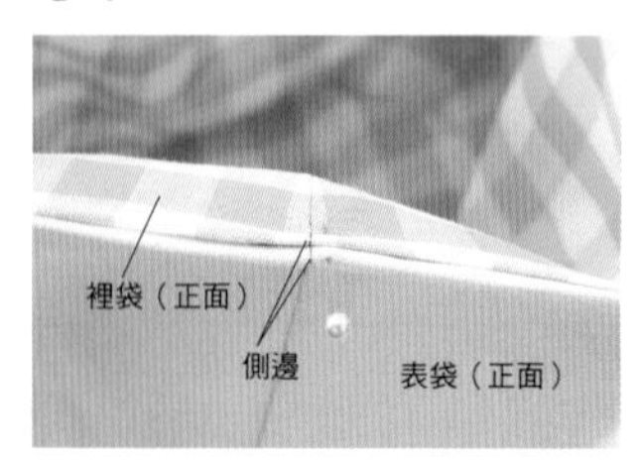

14 將裡袋套入翻至正面後的表袋中背面相對。對齊表、裡袋的脇邊縫線與袋口中心的合印記號，並以珠針固定。

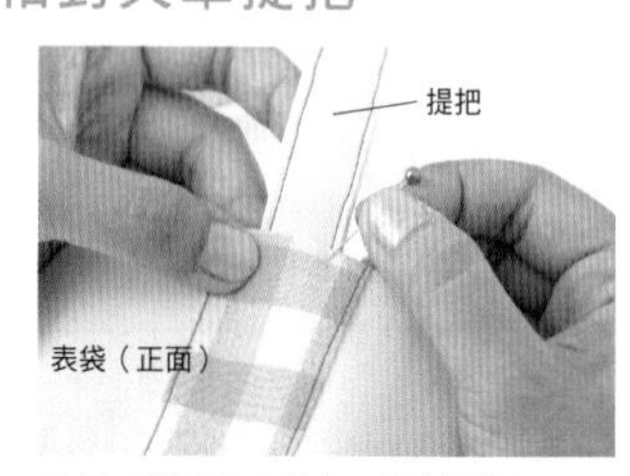

15 將提把夾入袋身，以珠針固定。

16 車縫袋口一圈後，即完成。

Arrange
皮革提把
外出購物包

※請先完成口袋製作，並車縫固定於袋身。
※提把不需夾入袋身中間，請直接將袋身縫合。
※除右方特別說明之步驟外，其餘均與Basic相同。

★縫製口袋

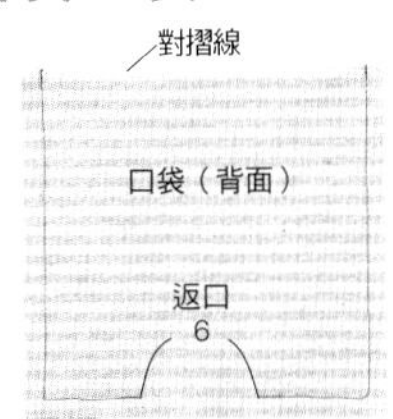

1 將口袋正面相對對摺，留6cm返口，車縫周圍一圈。
※此處是使用背面為橫條紋，正面為圓點的雙面布料。

0.2 1 車縫
口袋（正面）

2 由返口翻至正面，並於袋口車縫兩道車線。

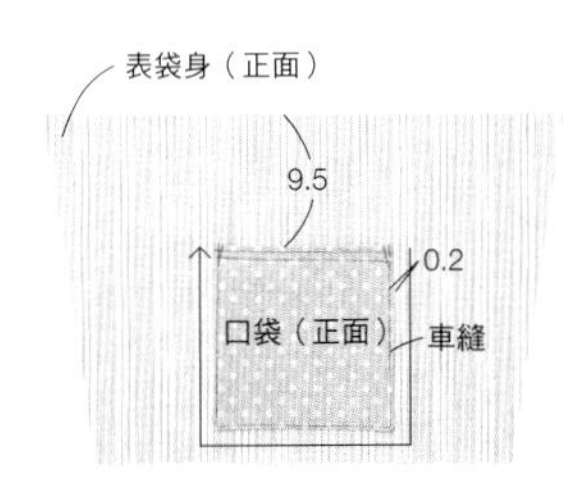

3 將口袋車縫於表袋身上。於始縫處和止縫處車縫三角形作為補強（請參考P.45）。

★固定提把

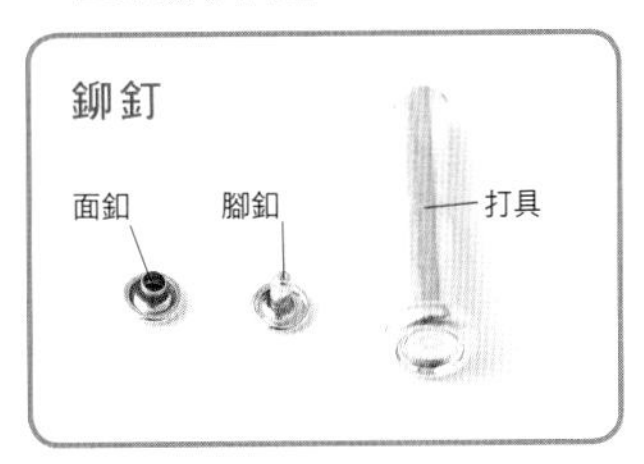

以腳釦・面釦・敲具為一組。安裝時，須於下方使用橡膠墊。

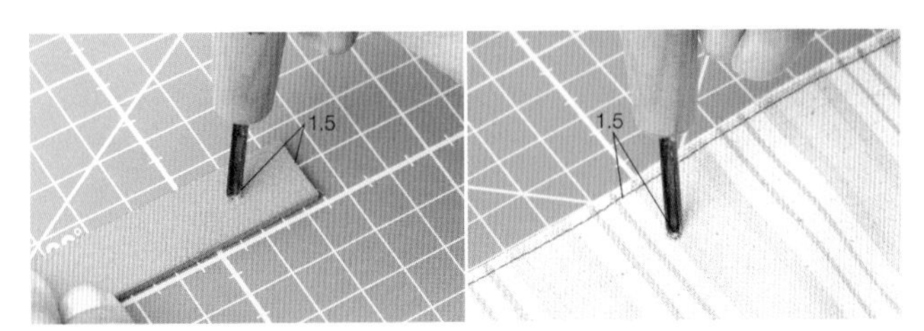

1 於皮革提把與袋身（完成後的袋身）的提把固定位置鑿孔。若手邊沒有適合鉚釘大小的打洞器時，可使用雕刻刀（圓刀）代替。

2 將腳釦從背面插入步驟**1**鑿穿之鉚釘孔，將提把重疊於袋身上方。將面釦套入腳釦，打具對準面釦後，以鐵鎚敲打至牢牢固定為止。四個位置均以相同方式固定。

提升質感的技巧

〔如何縫製美觀的袋口？〕

基本製圖中，常會為了車縫便利而將袋身的側邊延長至縫份的部分。但若於右圖情況下，翻摺袋口時，兩側會多出小布角，因此若想製作美觀的袋口，可以先行修剪縫份的方式製作。此方式是依照袋身側邊修剪縫份，使袋口於翻摺後能夠完全重疊。

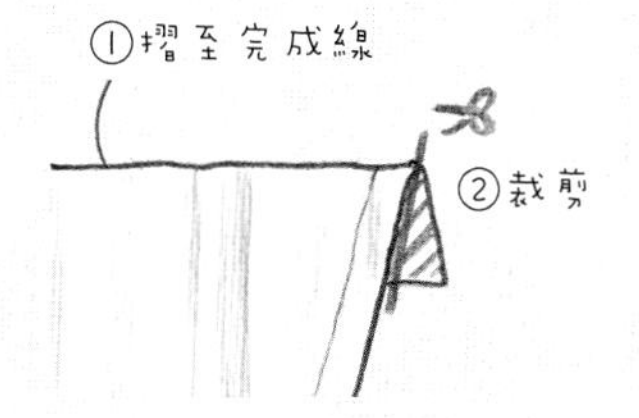

1 先將袋口摺至完成線，修剪超出側邊的縫份布角。

2 另一側製作亦同。車縫縫份1cm後翻摺，即可完全重疊不露出布角。

5. boston bag

波士頓包

寬敞的袋底與附拉鍊設計，
看起來就像是市售商品般的波士頓包。
可自由選擇肩背或手提，
是便利性極佳的包款。

DESIGN&MAKE／Hisayo Kataoka（Peachmade）
布料提供／Daiwab-tex（株）（圓點的羊毛布）

運用拉鍊製作寬敞的袋口，可輕鬆拿取袋中物品。於正面仔細壓線，同時也成為設計的重點。

Basic 難易度★★★

三色拼接波士頓包

變換袋身、口布、袋底造型，搭配不同布料，
隨心所欲的享受搭配的樂趣。
提把、耳絆與釦環吊耳布，
皆運用與口布相同之布料縫製而成。
袋身選用羊毛布料，呈現袋物特殊的風情。

● 作法（LESSON5）→P.57～

Arrange 難易度★★★

附口袋波士頓包

以可愛的格紋布料製作，
在圓鼓鼓的前口袋中，
加上粉紅色的蕾絲點綴，營造甜美氣氛。
於袋身兩側製作口袋，並以皮革提把
的率性平衡整體感。

● 作法（LESSON5）→P.57～

於前口袋和側口袋車縫褶襇，塑造圓鼓鼓的可
愛輪廓，同時也提升收納能力。

(Lesson 5) 波士頓包

● 原寸紙型 Ⅱ 面〔C〕

完成尺寸
Basic　寬×高×袋底寬：約30×18×12cm
Arrange　寬×高×袋底寬：約30×18×12cm

Basic

材料

- 圓點羊毛布……………70×25cm
- 淺褐色 厚棉布 ………45×50cm
- 深藍色厚棉布…………20×60cm
- 直條紋棉布……………70×60cm
- 布襯 …………………90×60cm
- 拉鍊 35cm……………………1條
- 寬1.1cm滾邊條（滾邊款）………………200cm
- 內徑12cm口型環 ……………4個

裁布圖

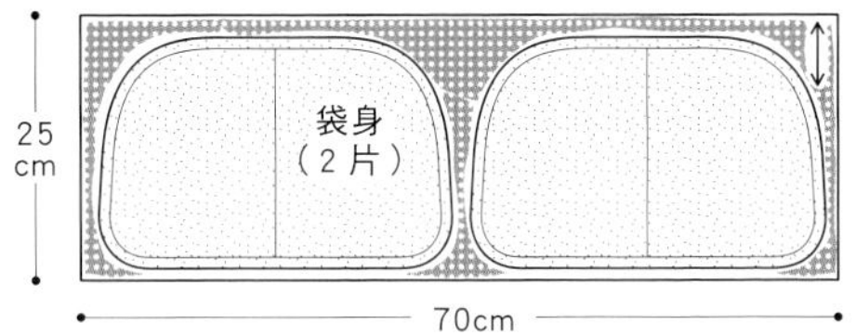

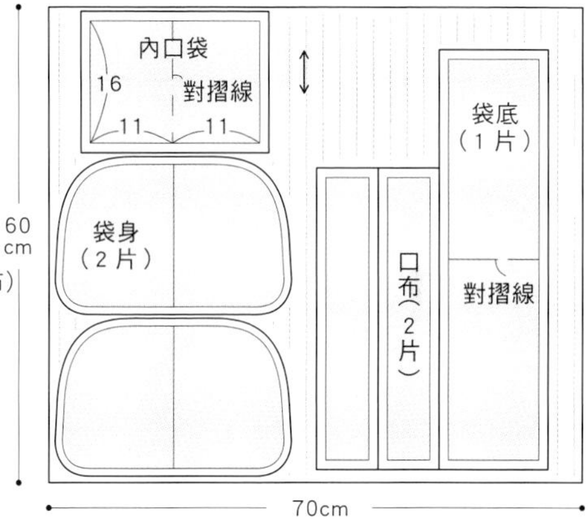

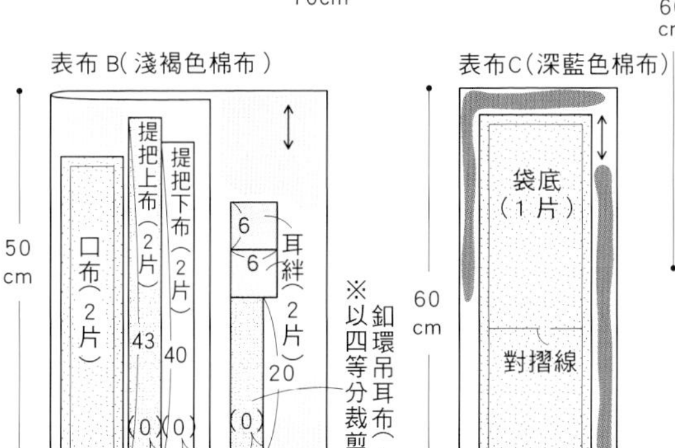

Arrange

材料

- 格紋羊毛布 ……………110×60cm
- 粉紅色棉布…………110×60cm
- 布襯 ………………110×60cm
- 拉鍊 35cm ……………………1條
- 寬1.1cm滾邊條（滾邊款）………………200cm
- 寬1cm蕾絲 ……………………80cm
- 直徑2.5cm鈕釦 ……………1組
- 附內徑12cmD型環的皮革提把 …………… 1組(2條)

裁布圖

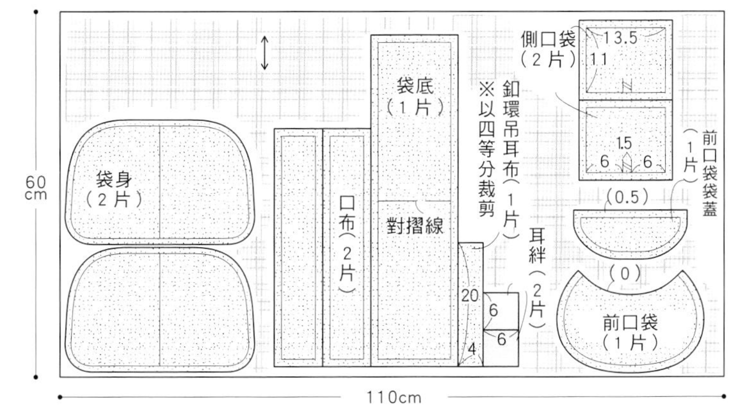

★褶襉

使位於斜線上側的布料位於上方，對齊線條摺疊。

※（ ）中的數字為縫份尺寸。
除指定處之外，縫份皆為 1cm。
※ ▭ 表示於背面熨燙布襯。
※ 釦環吊耳布和耳絆僅以表布製作。

Basic
三色拼接
波士頓包

1. 製作拉鍊口布

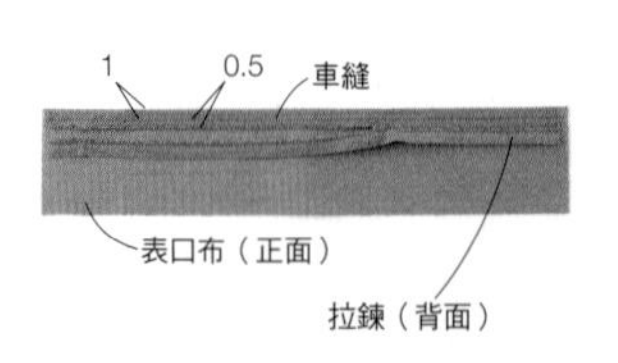

1 將表口布與拉鍊正面相對疊合，由距離邊緣1cm處車縫。此時，建議可使用布用雙面接著膠帶將拉鍊暫時固定於口布。

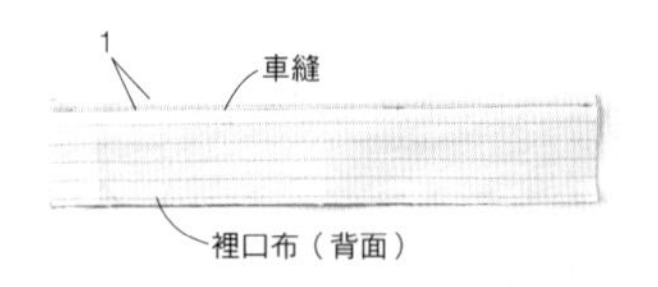

2 將裡口布正面朝下重疊於步驟**1**之上方，以相同方式車縫。

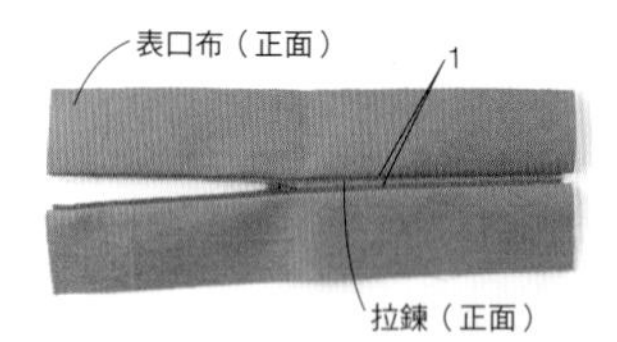

3 將口布翻至正面，另一側製作方式亦同，將表、裡布正面相對疊合夾車拉鍊。上圖為縫合兩側後，翻回正面的狀態。

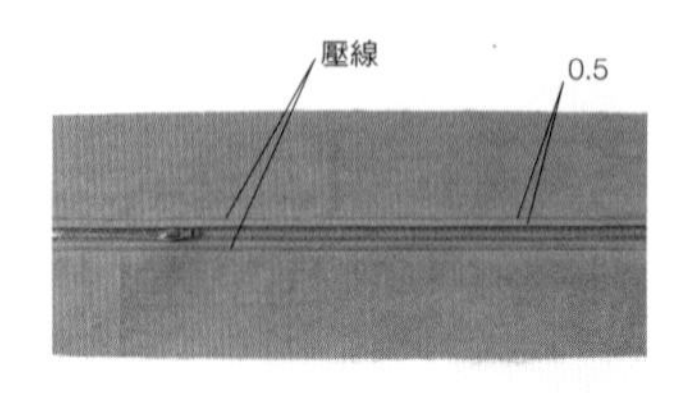

4 於拉鍊兩側進行壓線。

2. 製作耳絆

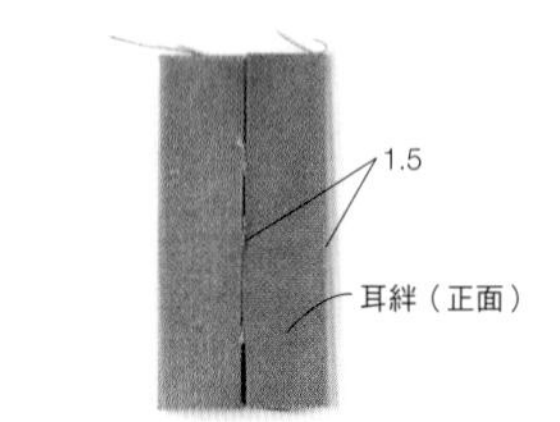

5 將耳絆兩端向中心摺入。

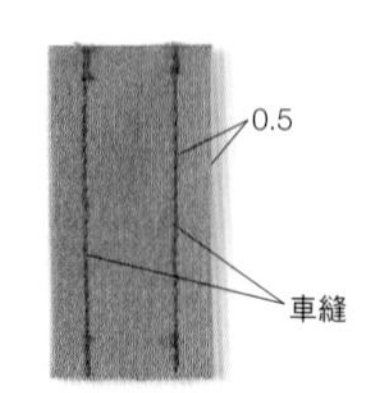

6 由正面車縫兩端。

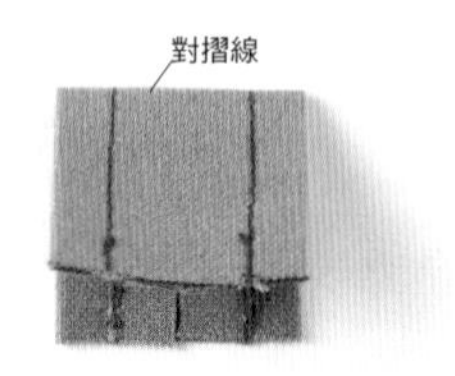

7 由上往下對摺。共製作兩個。

3. 將耳絆固定於口布

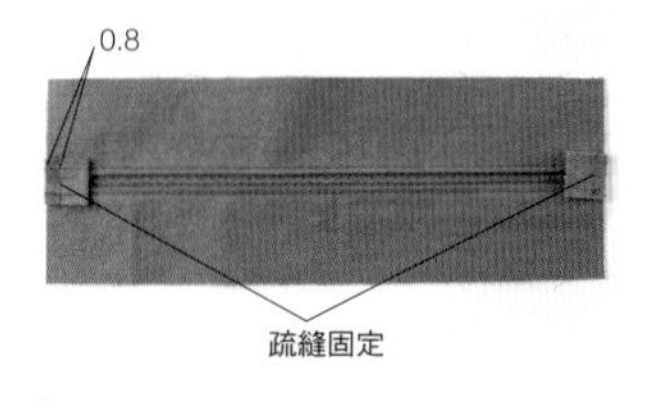

8 將耳絆對齊拉鍊口布兩端，由正面車縫固定。

4. 接縫口布&袋底，並製作側身

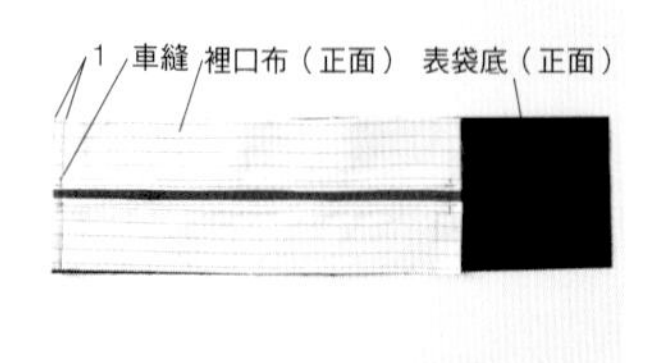

9 將步驟**8**的口布翻至背面，重疊於表袋底上方，車縫其中一側。

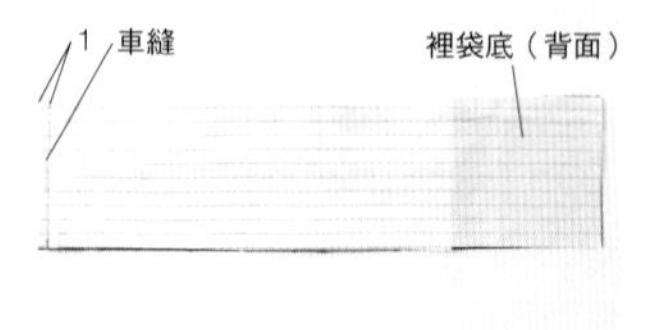

10 將裡袋底正面朝下重疊於步驟**9**上方，以表、裡袋底夾車口布。

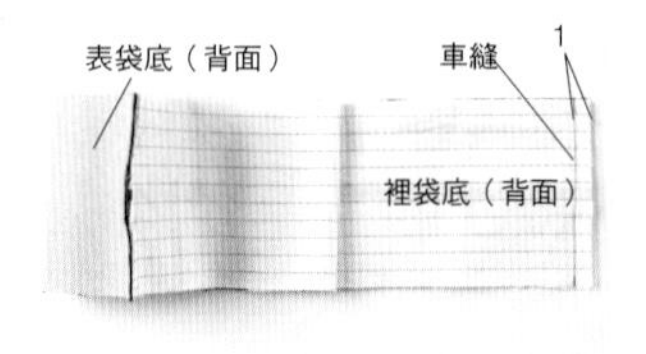

11 另一側也以相同方式車縫口布與袋底，並將縫份皆倒向袋底。

12 翻至正面後，口布與袋底已連接成筒狀。

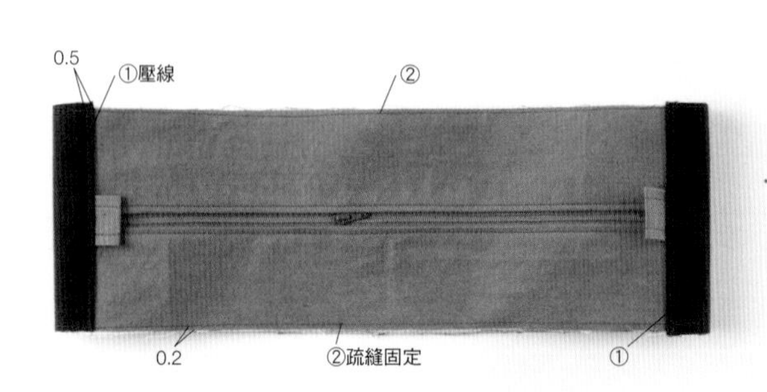

side

13 於袋底進行壓線，將兩端疏縫固定。此處口布已與袋底連接。

5. 製作釦環吊耳布並疏縫固定

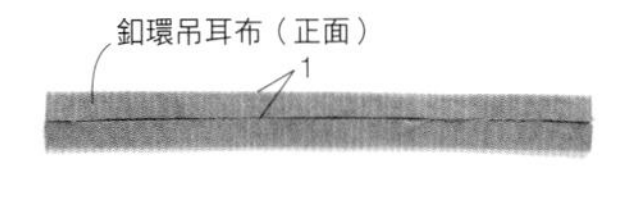

14 將釦環吊耳布的長邊向中心摺入。

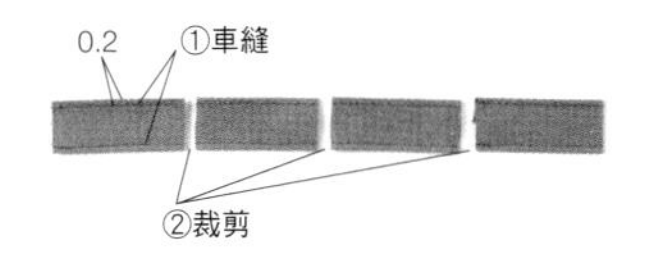

15 從正面車縫兩側壓線後，裁剪成四等分。

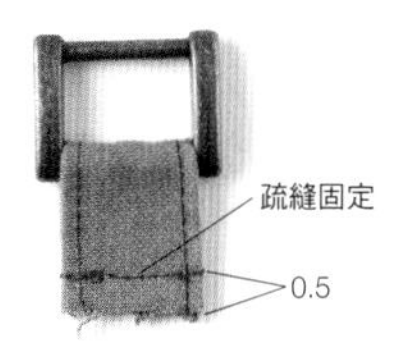

16 穿過口型環後對摺，以車縫疏縫固定。共製作四個。

6. 將釦環吊耳布縫於袋身上

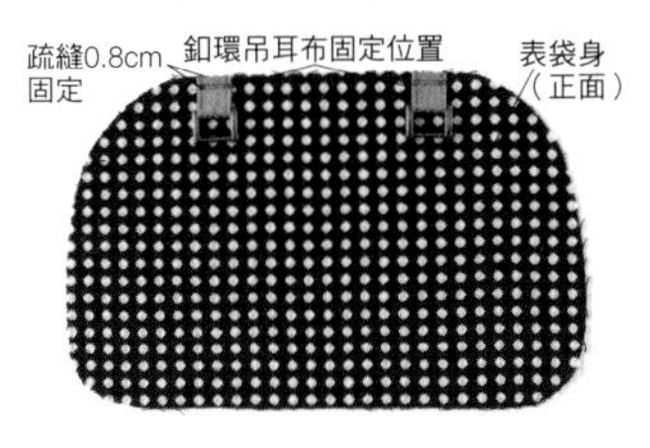

17 將釦環吊耳布固定於表袋身。

7. 製作內口袋並車縫固定於裡布

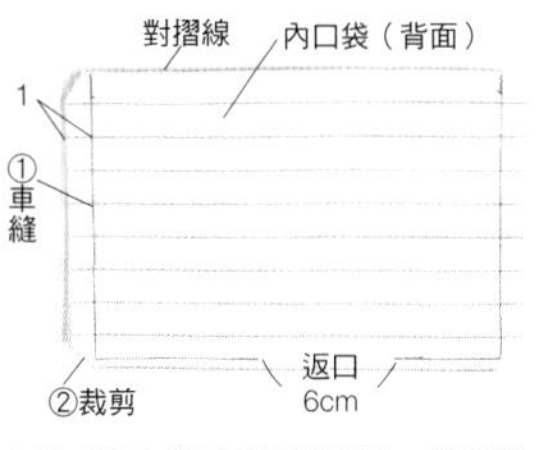

18 將口袋正面相對車縫，並預留一返口，完成後修剪四邊布角。

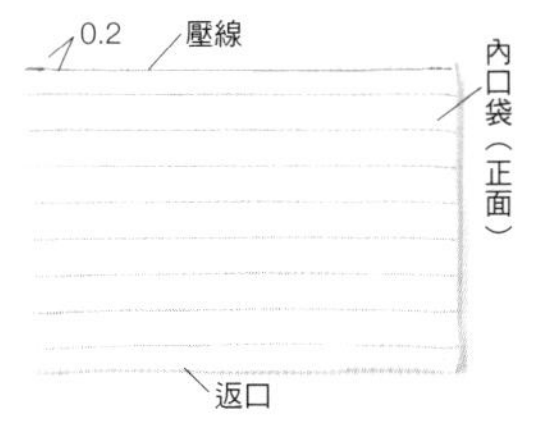

19 從返口翻回正面，在口袋之袋口上進行壓線。

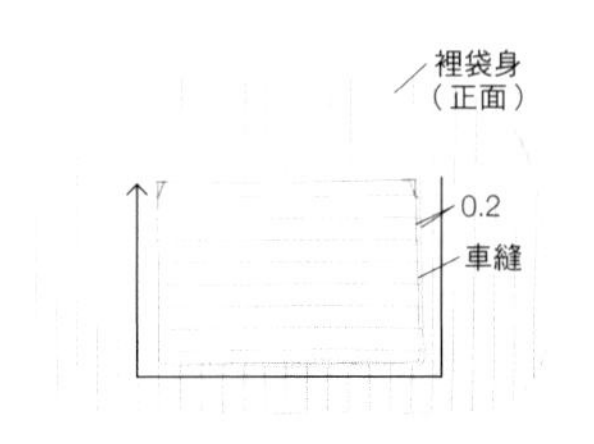

20 將口袋車縫三邊固定於裡袋身。並於始縫處與止縫處車縫三角形作為補強（參考P.45）。

8. 縫合表袋身&裡袋身

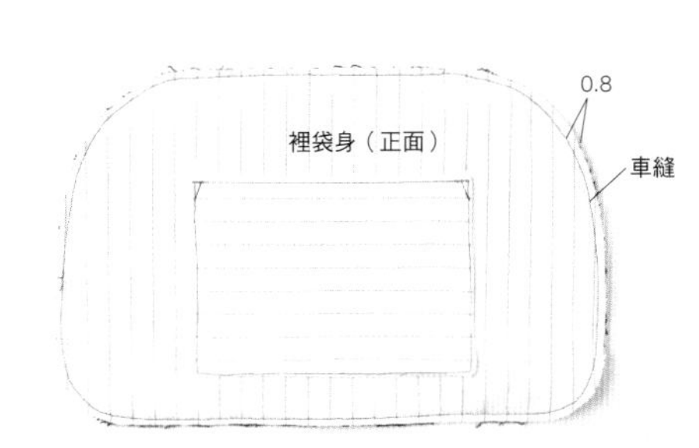

21 將表、裡袋身背面相對車縫一周。另一側製作方法亦同。

Point

★強力夾

由於此作品中運用羊毛布作為表袋身，而且需要縫合的布片數量也比較多，厚度增加，故以珠針較不易固定。若使用強力夾，即使是較厚的布料也能夠確實固定，相當方便。

9. 組合袋身&側身

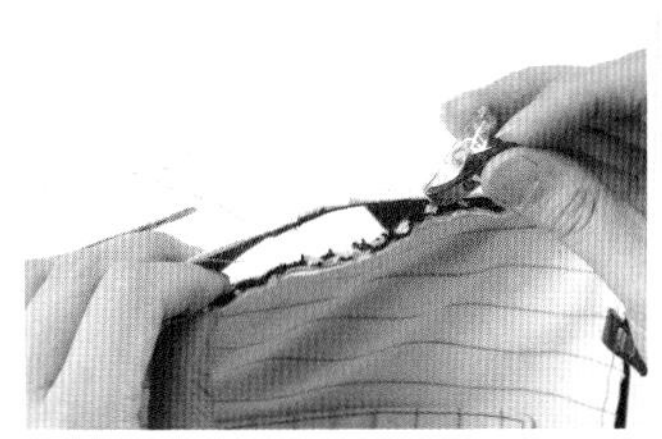

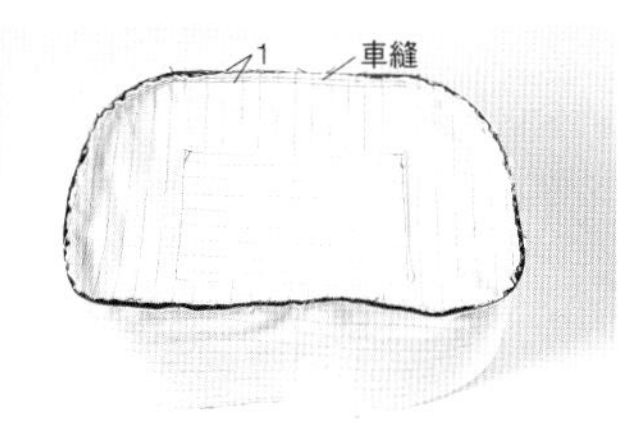

22 將袋身與側身正面相對，以強力夾固定，縫合周圍一圈。此時必須將拉鍊拉開（作為返口）。

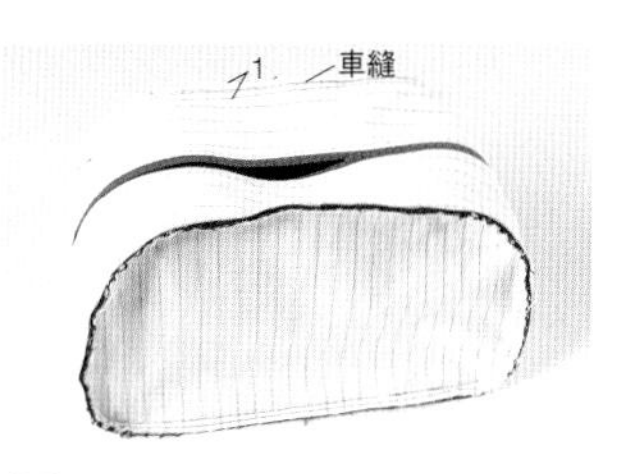

23 另一側製作方法亦同。

10.製作縫份處滾邊

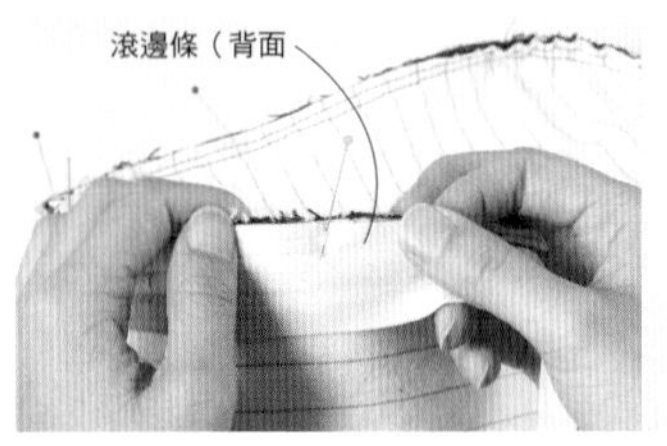

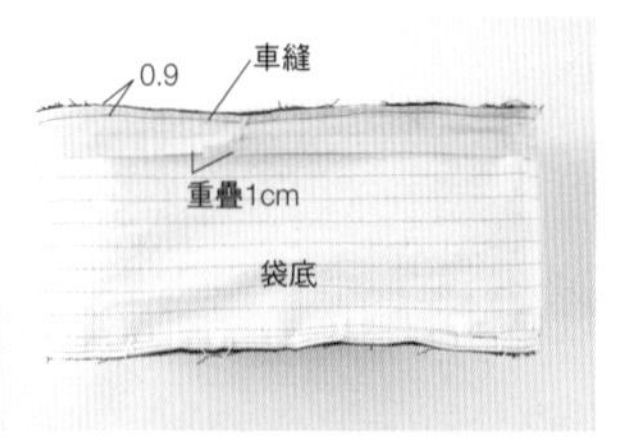

24 將滾邊條（參考P.46）沿著側身的邊緣纏繞周圍。由袋底開始滾邊，於終點處重疊1cm並裁剪。

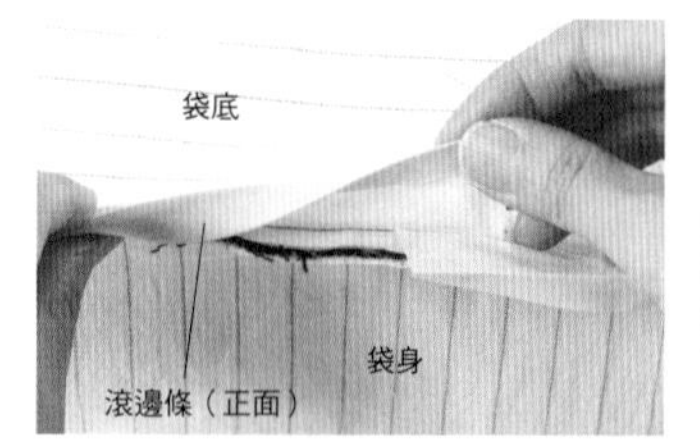

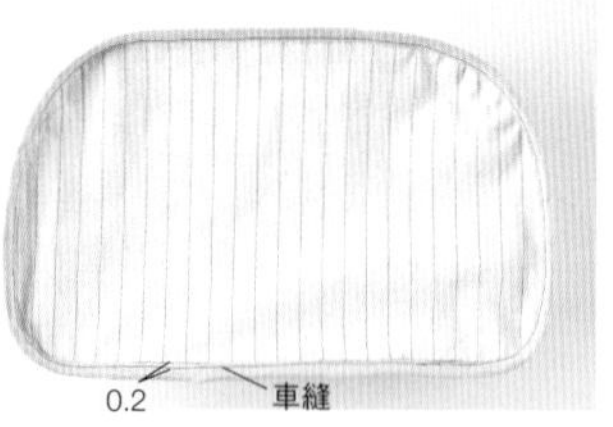

25 沿滾邊條摺線包覆縫份，由距離布邊0.2cm處車縫。另一側製作方式亦同。翻至正面後，即完成袋身。

11.製作提把

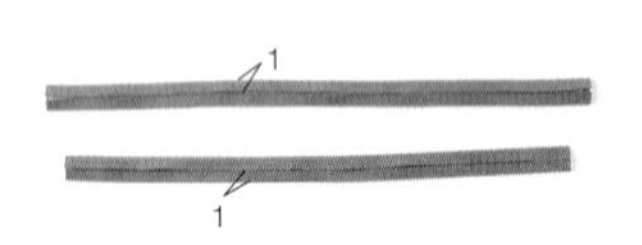

26 將提把上、下布長邊的縫份分別向中心摺入。

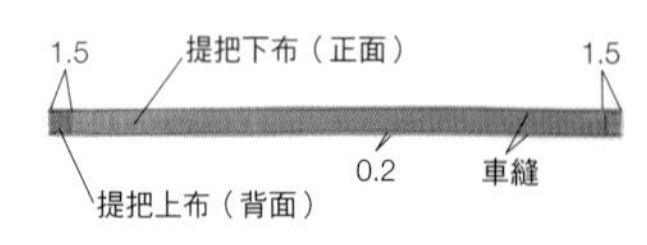

27 將提把上、下布背面相對車縫兩側。共製作兩條提把。

12.縫製提把

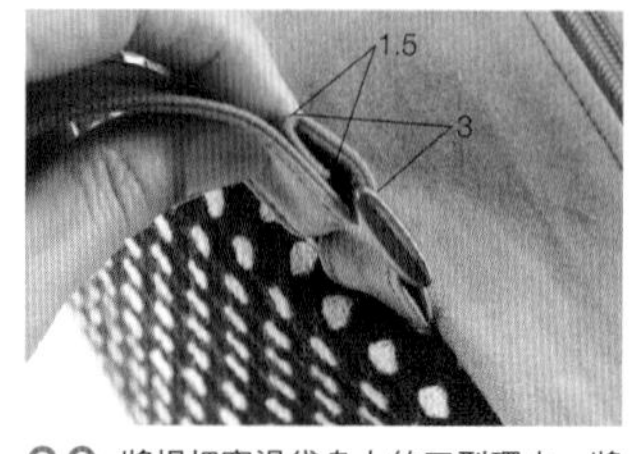

28 將提把穿過袋身上的口型環中，將縫份處摺成三褶。

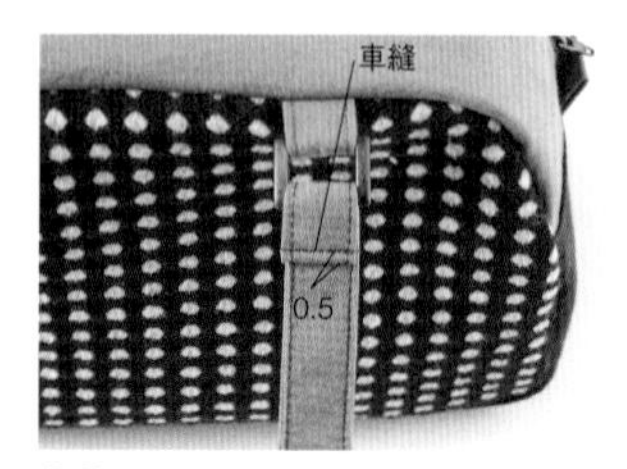

29 車縫摺入之布邊。另一側提把製作方式亦同，共需完成兩面之提把安裝，即完成。

★製作前口袋袋蓋並車縫固定於袋身

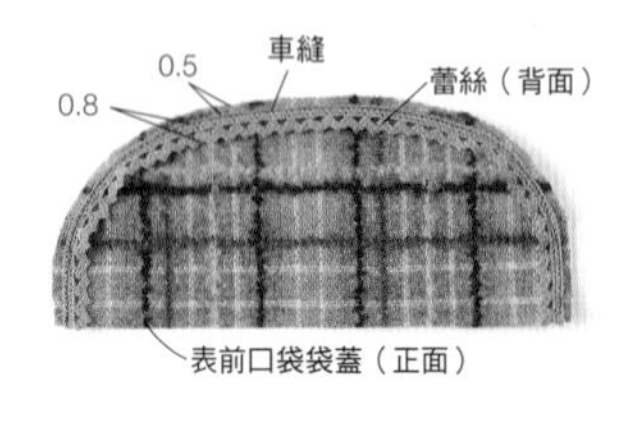

1 將蕾絲固定於表前口袋袋蓋上。

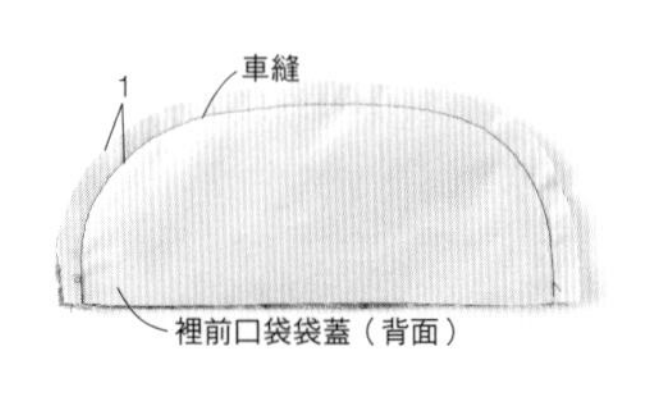

2 將表、裡前口袋袋蓋正面相對車縫。完成後將縫份修剪至0.5cm。

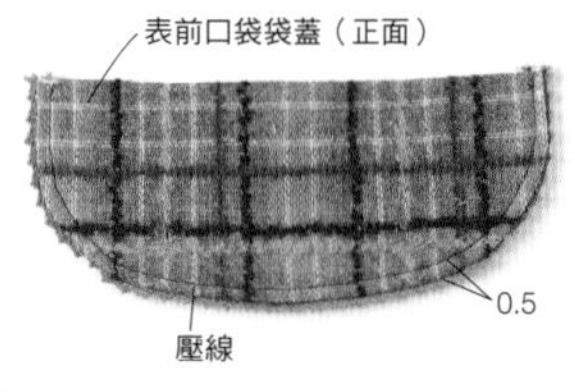

3 翻至正面，於邊緣進行壓線。

※前口袋袋蓋與前口袋需事先縫置固定於表袋身。
※側口袋則是於步驟**13**完成後進行縫製。
※由於運用現成的提把，故不須另行製作。代替步驟**16**中穿過口型環，將耳絆穿過附D型環提把之D型環。
※其餘的步驟均與Basic相同。

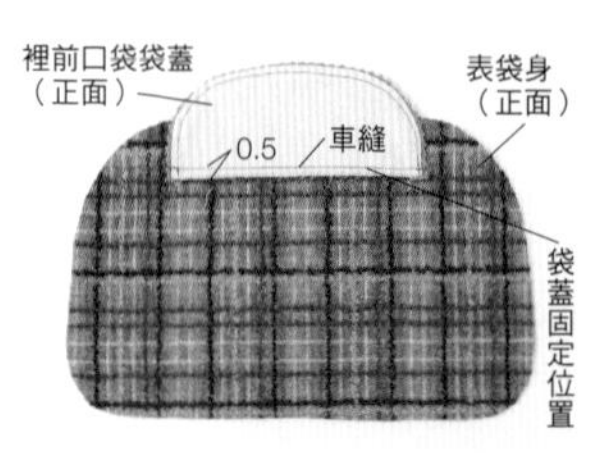

4 正面相對，車縫固定於表袋身上。

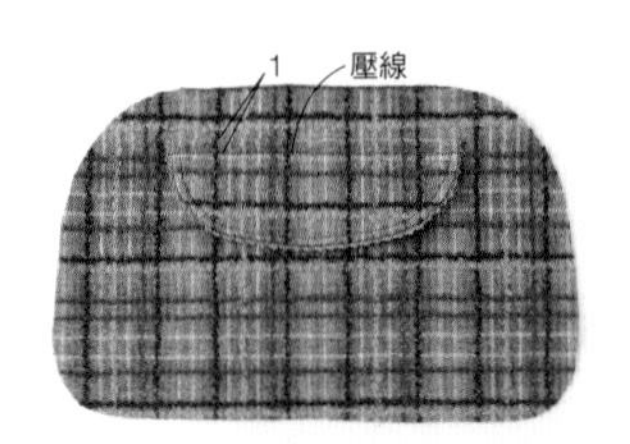

5 將袋蓋翻至正面，壓縫一道。依個人的喜好選擇裝飾釦手縫固定。

✱製作前口袋並車縫固定

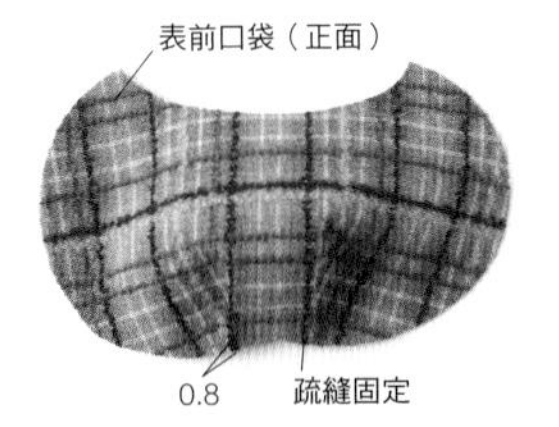

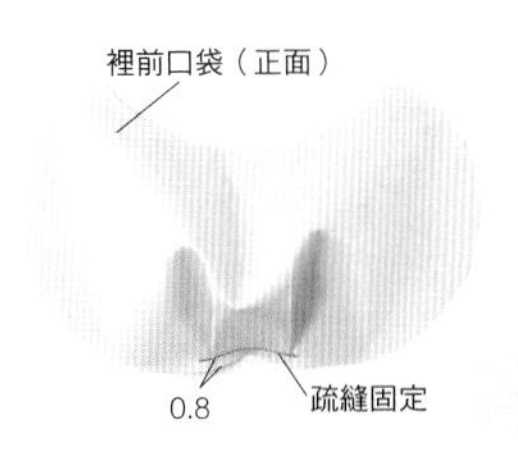

1 分別製作表、裡袋身摺　，並疏縫固定。

2 與前口袋袋蓋相同，將蕾絲疏縫固定於周圍，將表、裡袋身正面相對車縫U字形，並由口袋袋口翻至正面。

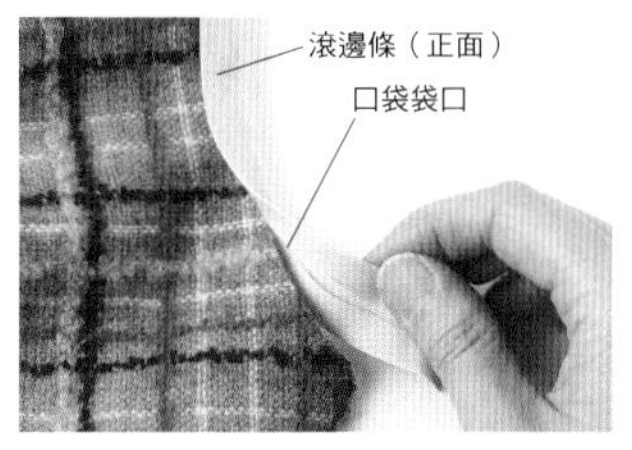

3 以滾邊條包覆袋口，兩端摺入背面。

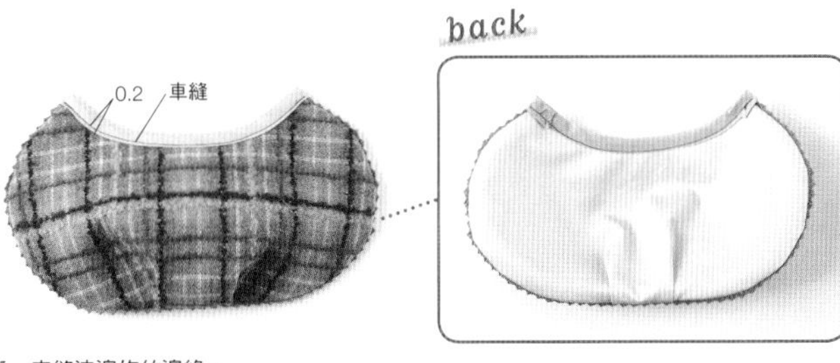

4 車縫滾邊條的邊緣。

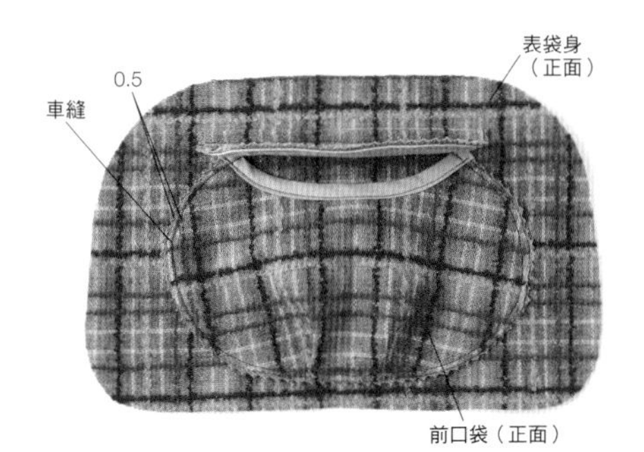

5 翻起袋蓋，將前口袋車縫於袋蓋的下方。

✱製作側口袋並車縫固定

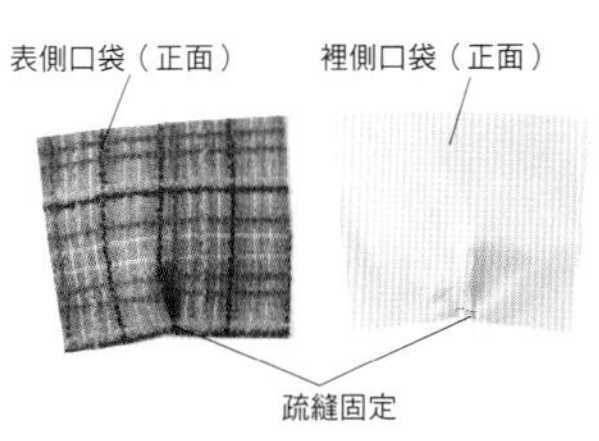

1 分別製作表、裡袋身的摺襉，並疏縫固定。

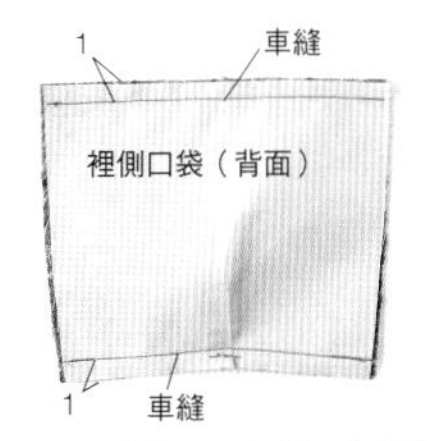

2 將表、裡袋身正面相對，車縫上、下兩側。

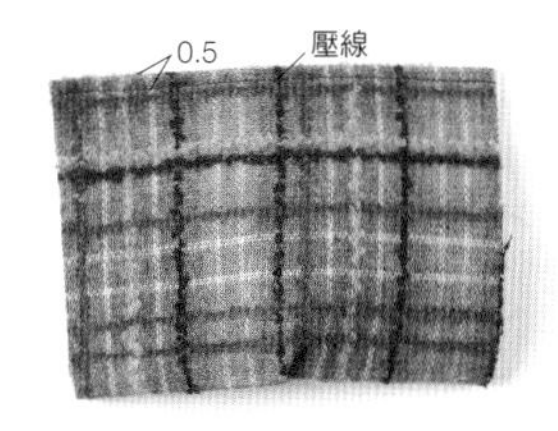

3 翻至正面後，於口袋袋口處壓線。共製作兩個。

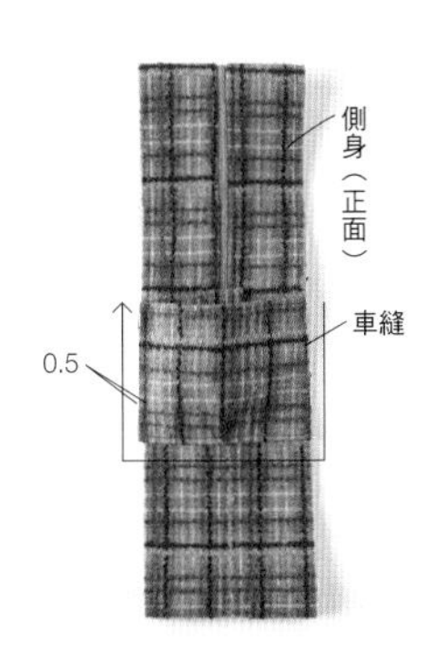

4 將口袋袋口之外的三邊車縫固定於側身上。另一側製作方式亦同。

後背包

機能性超強的後背包擁有袋蓋與許多收納空間，
是本書中介紹的包款中最需仔細製作的包包。
只要稍加調整製作尺寸，家族全員不論老少皆可使用唷！

大人款運用四合釦，小朋友款則是以魔鬼氈作為袋蓋開闔設計。由於背面附有拉鍊，所以即使不打開袋蓋也可輕鬆拿取後背包裡的物品。

DESIGN&MAKE／KAOCHI（Mammy Jewel Box）

布料提供／布の通販L'idée　衣架／AWABEES
Solpano（帆布、襯裡）cottonhouseHARINEZUM（格紋布料）
副材料提供／Az-net手藝　糖果／AWABEES

Basic & Arrange 難易度★★★

格紋親子後背包

口袋運用斜紋布，外觀時髦的格紋後背包，
雖然看似繁雜，但除了袋蓋和袋底之外，
其餘皆以直線車縫，一起來挑戰看看吧！

● 作法（LESSON6）→P.64

(Lesson 6) 後背包

● 原寸紙型 Ⅱ 面〔H〕

完成尺寸（不包含提把、肩背帶、袋蓋）
Basic　寬×高×袋底寬：約33.5×42×16.5cm
Arrange　寬×高×袋底寬：約25×31×12cm

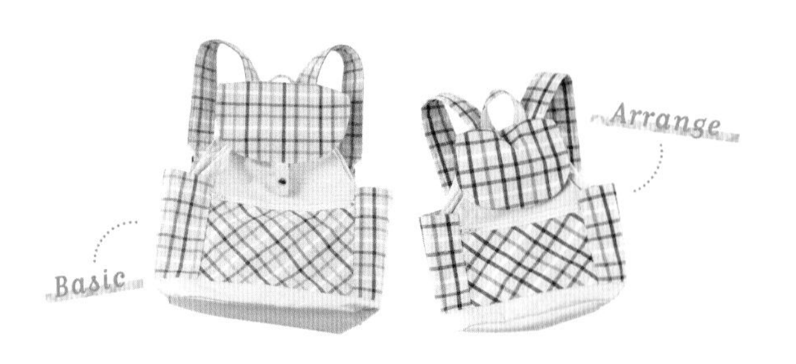

Basic (Lady's)

材料

- 原色帆布 .... 110×80cm
- 格紋棉麻布 .... 110×55cm
- 原色棉布 .... 146×70cm
- 布襯 .... 90×55cm
- 單膠襯棉 .... 50×40cm
- 厚質織帶 .... 2.5×150cm
- 樹脂拉鍊　28cm、26cm 各1條
- 內徑8mm雞眼釦 12組
- 寬25mm背帶調節環 2個
- 粗6mm壓克力繩 120cm
- 繩釦 1個
- 直徑15mm四合釦 1組
- 25號（直徑7.5mm）的丸斬、鐵鎚、橡皮板（也可使用舊雜誌等代替）。

裁布圖

表布A（原色帆布）

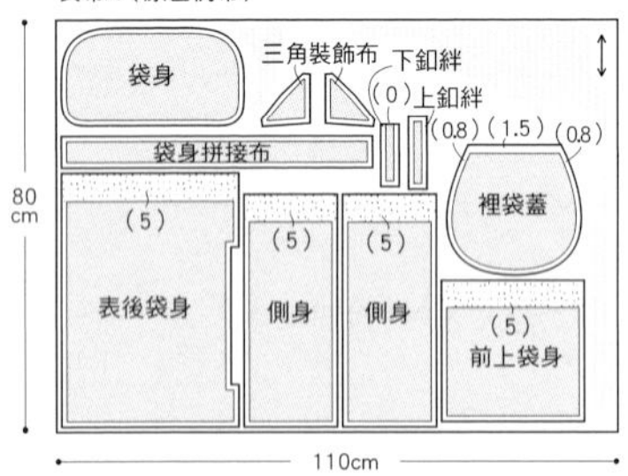

表布B（格紋棉麻布）

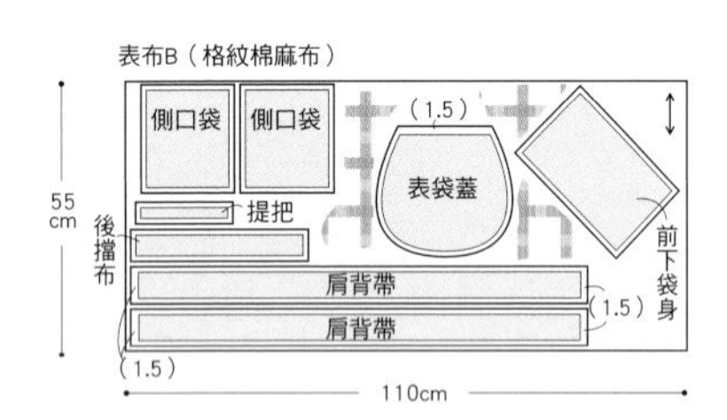

裡布（原色棉布）

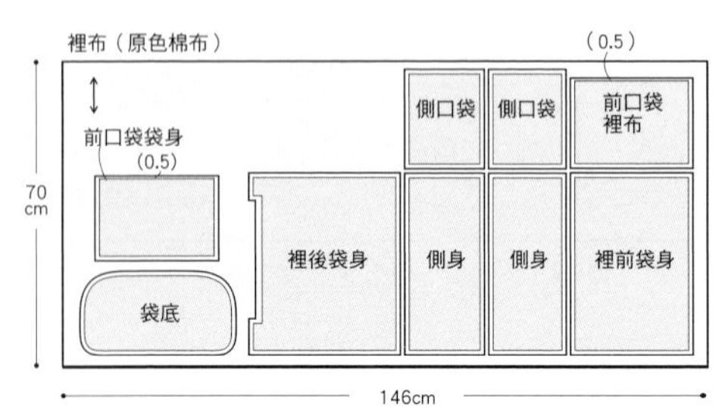

Arrange (Kid's)

材料

- 原色帆布 .... 110×50cm
- 格紋棉麻布 .... 110×40cm
- 原色棉布 .... 146×40cm
- 布襯 .... 90×30cm
- 單膠襯棉 .... 40×35cm
- 厚質織帶 .... 2.5×110cm
- 樹脂拉鍊　20.5cm、19cm 各1條
- 內徑6mm雞眼釦 12組
- 寬25mm背帶調節環 2個
- 粗6mm壓克力繩 100cm
- 繩釦 1個
- 魔鬼氈 .... 2×10cm
- 20號（直徑6mm）丸斬、鐵鎚、橡皮板（也可使用舊雜誌等代替）。

裁布圖

表布A（原色帆布）

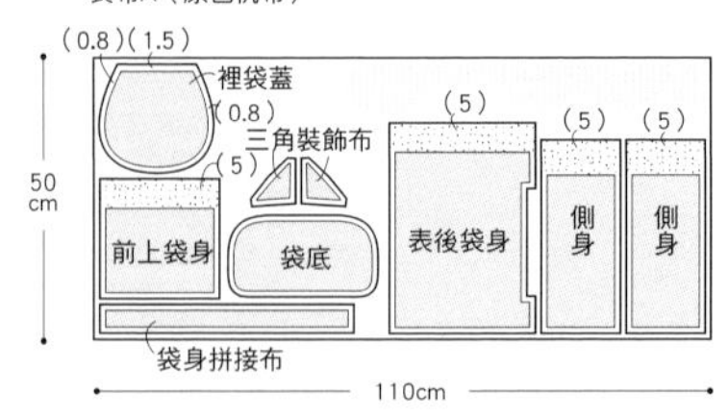

表布B（格紋棉麻布）

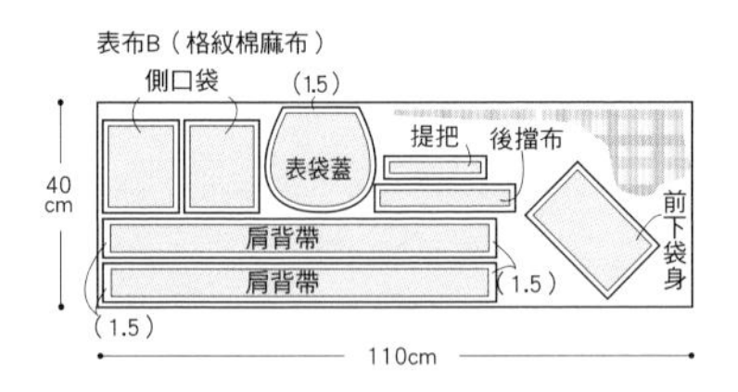

裡布（原色棉布）

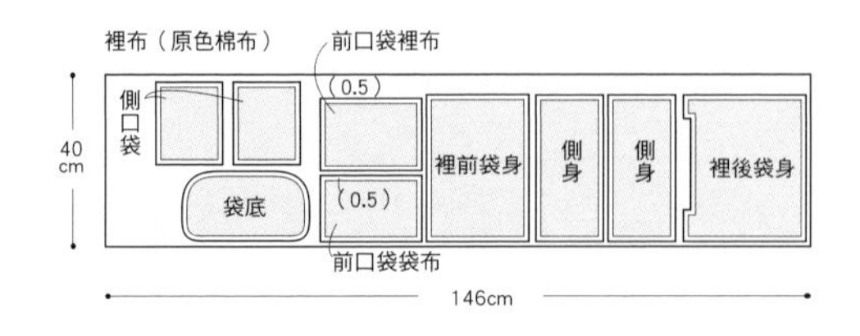

※（　）中的數字為縫份尺寸。除指定處之外，縫份皆為1cm。
※在表袋身袋口的縫份和原寸紙型的有色部份熨燙布襯。
（裡袋底和肩背帶熨燙單膠襯棉。裡袋蓋不熨燙布襯。）
※建議先於表布的袋口分別以熨斗壓燙出完成線的摺線。

Basic
格紋親子
後背包
(Lady's)

1. 裡袋底鋪棉

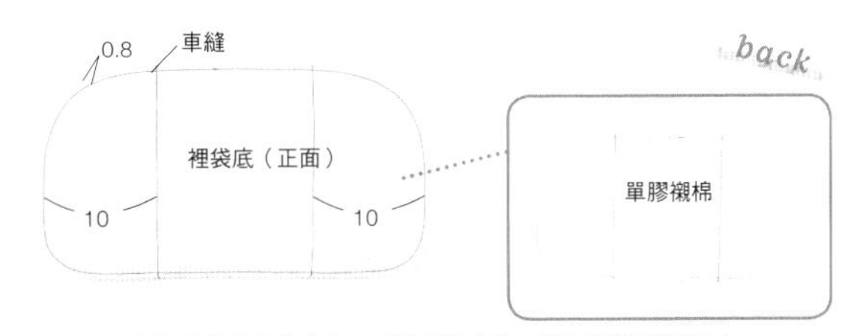

1 將單膠襯棉疊放於裡袋底上，以縫紉機車縫，避免單膠襯棉歪斜。

2. 製作提把

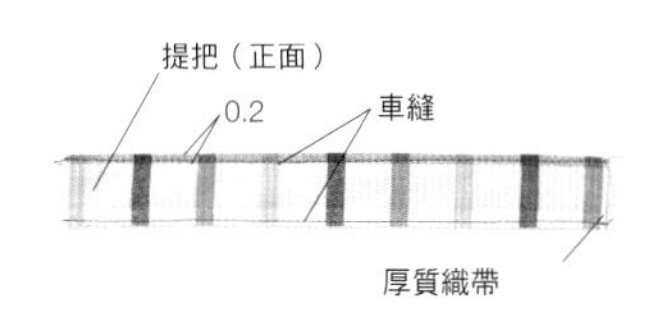

2 將提把長邊縫份摺入至完成線，與19cm厚質織帶背面相對縫合。

3. 製作肩背帶

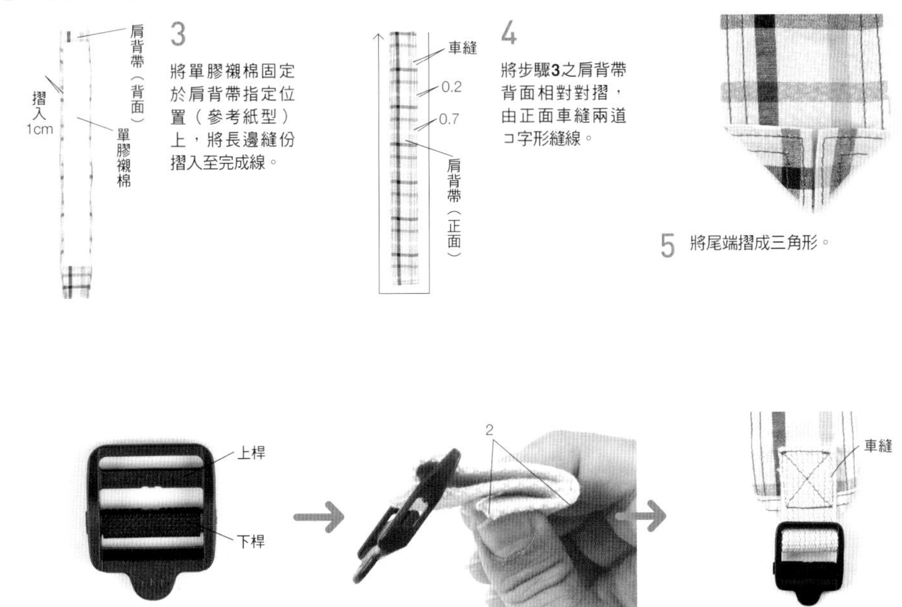

3 將單膠襯棉固定於肩背帶指定位置（參考紙型）上，將長邊縫份摺入至完成線。

4 將步驟**3**之肩背帶背面相對對摺，由正面車縫兩道コ字形縫線。

5 將尾端摺成三角形。

6 將調整肩背帶之短帶（厚質織帶12cm）穿過肩背帶調節環上桿，並與肩背帶縫合。車縫的方法請參考P.30。

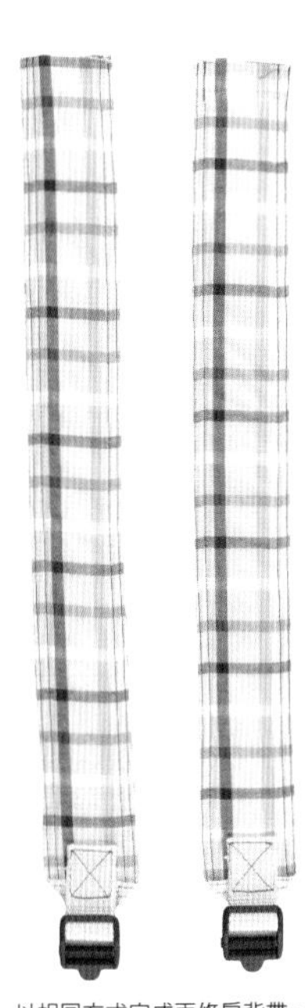

以相同方式完成兩條肩背帶。

4. 縫製三角裝飾布

7 將三角布對摺，夾入調整肩背帶長帶（厚質織帶大人款為53cm，孩童款為33cm），正面相對縫合。

8 將三角裝飾布翻至正面，修剪多餘厚質織帶。

9 於三角裝飾布車縫兩道車線。以相同方式完成兩條。

5. 製作上釦絆

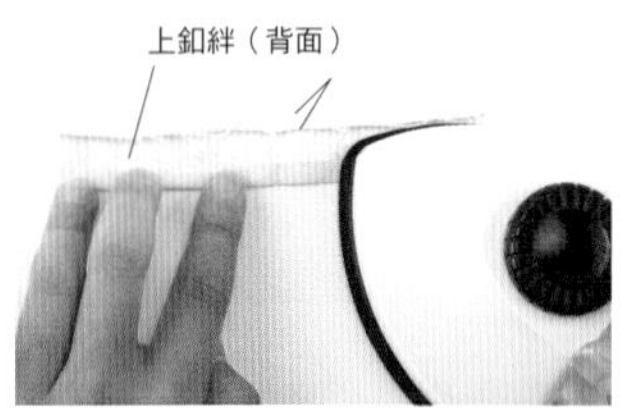

10 將上釦絆長邊縫份摺入至完成線。

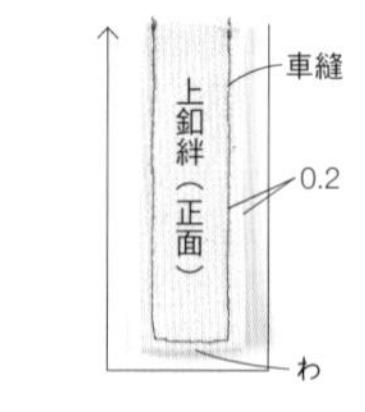

11 背面相對對摺，車縫三邊。

6. 縫製袋蓋

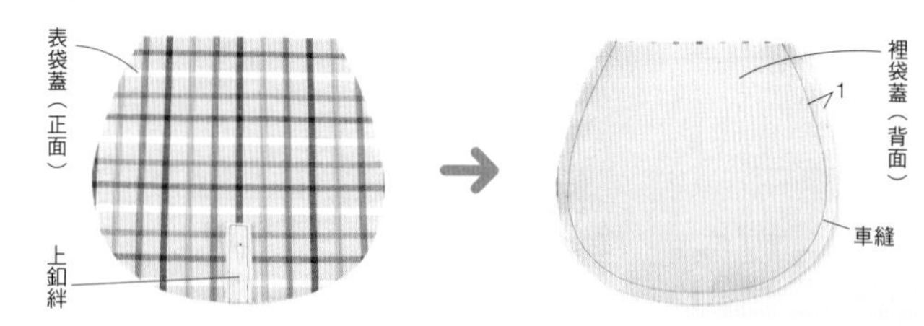

12 將表、裡袋蓋正面相對車縫（※參考下方Point「裡布內縮」作法）並同時夾入大人款袋蓋上釦絆。

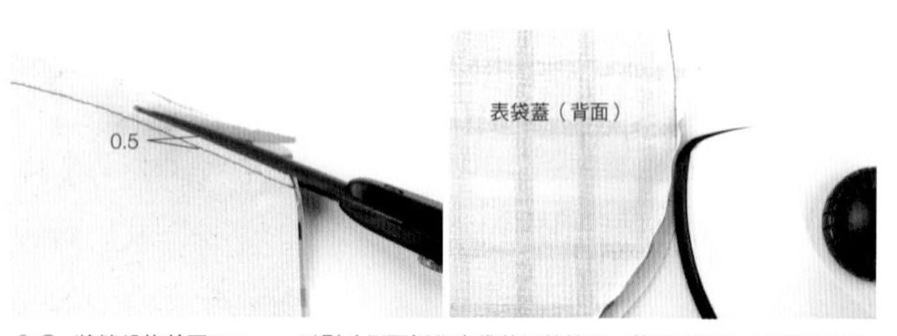

13 將縫份修剪至0.5cm，以熨斗側面抵住表袋蓋側的縫份，將燙開縫份（此動作是為了翻至正面時看起來美觀）。

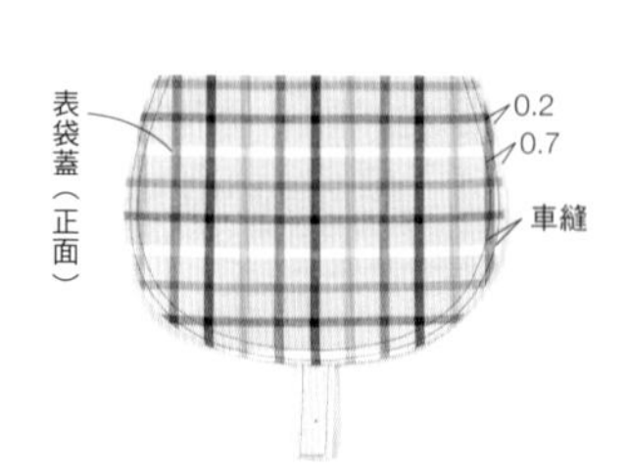

14 翻至正面整理袋蓋（裡布內縮），壓縫兩道車線。

Point

★「裡布內縮」

進行表、裡正面正面相對車縫時，為避免翻至正面後裡布露出表布，故將裡布向內縮減的動作，稱為「裡布內縮」。應用於車縫直線時，表、裡皆將縫份摺入，裡布比表布再向內多摺入0.1cm即可。而應用於曲線時，則可先將裡布縫份摺短0.2cm，對齊表布邊緣於表布的完成線上車縫，翻至正面後，裡布便會自然向內側縮減0.1cm而不露出表布。

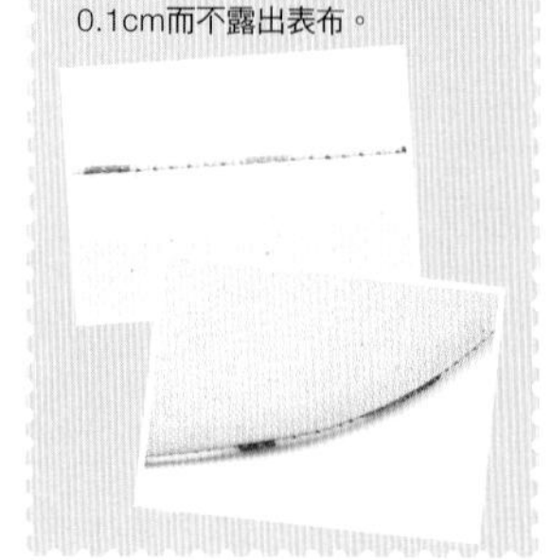

7. 後袋身車縫拉鍊

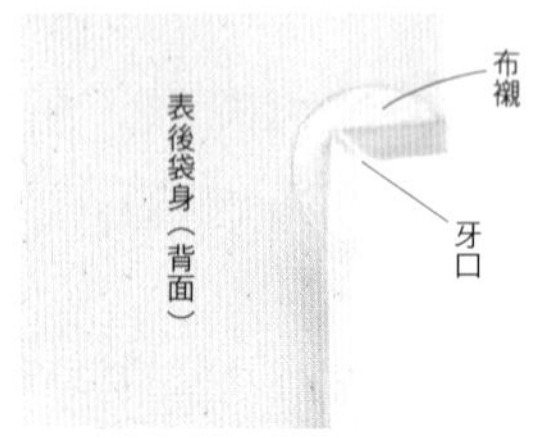

15 將布襯熨燙於表後袋身的拉鍊轉角處（上、下各一），於邊角距離完成線2mm處剪牙口。

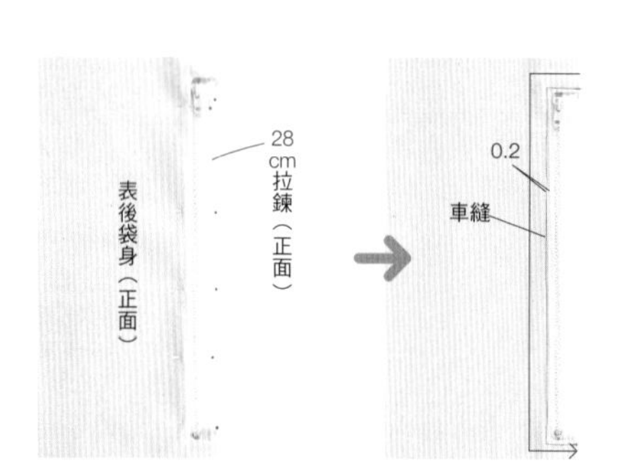

16

將縫份摺入至完成線，重疊於拉鍊上方，並由正面縫合。

8. 將袋蓋·提把·肩背帶與後擋布車縫固定於後袋身

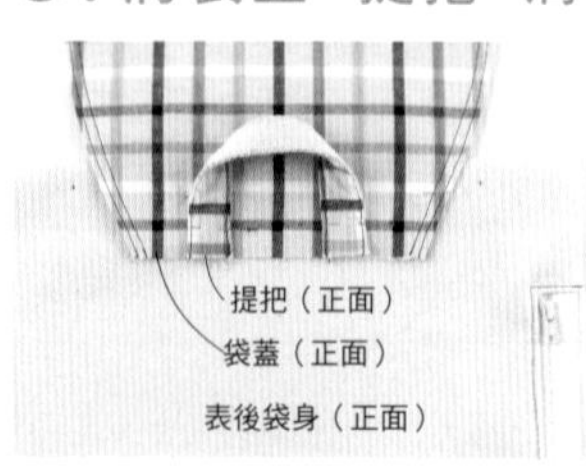

17 依袋蓋、提把之順序疏縫固定於表後袋身。

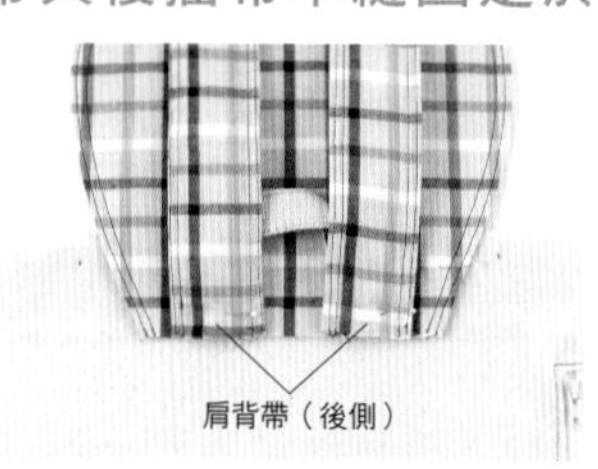

18 將肩背帶後側朝上疏縫固定於表後袋身。

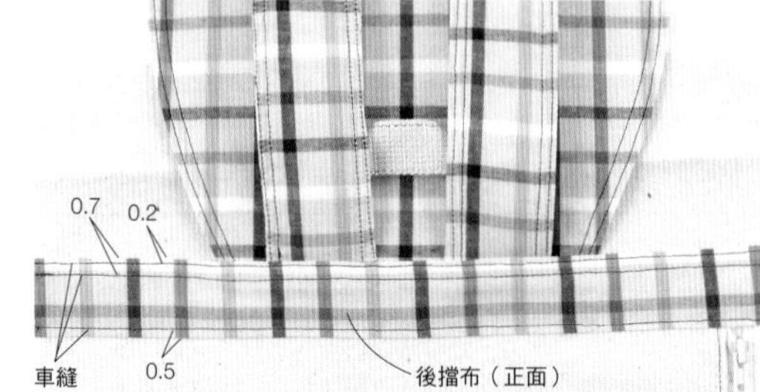

19

將後擋布的上、下縫份摺入至完成線，並疊放於袋蓋處車縫。完成後，壓縫兩道車線。

9. 製作側口袋

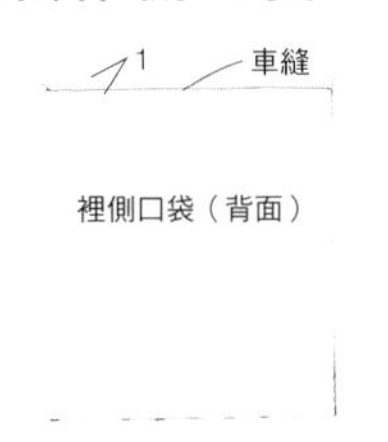

20 將表、裡側口袋正面相對，並車縫上端。

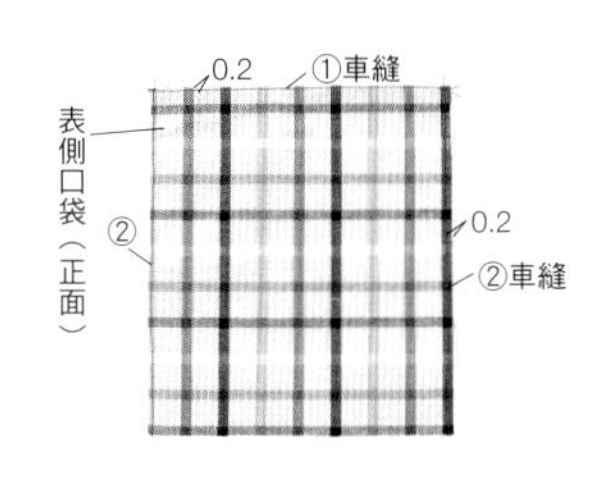

21 翻至正面後於袋口壓線（參考P.66 Point「裡布內縮」作法），為了避免表布和裡布歪斜，須於兩側疏縫固定。

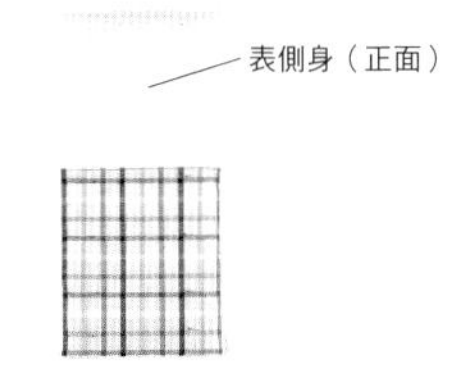

22 將側口袋疏縫固定於表側身。以此方式共完成兩片。

10. 製作前口袋

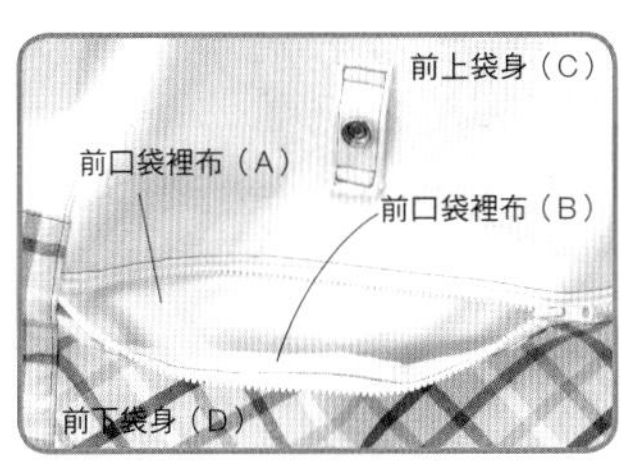

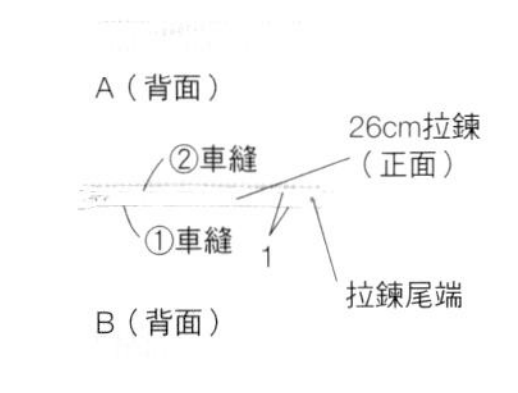

23 將前口袋裡布（A、B）與拉鍊兩側接合。

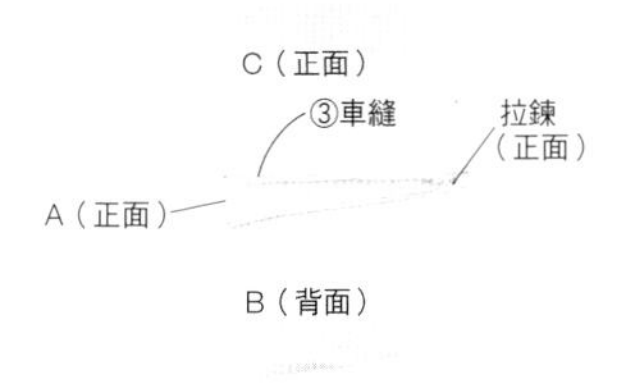

24 將前口袋裡布翻向下方，前上袋身（C）的下方縫份摺入至完成線，由正面車縫於拉鍊上端。

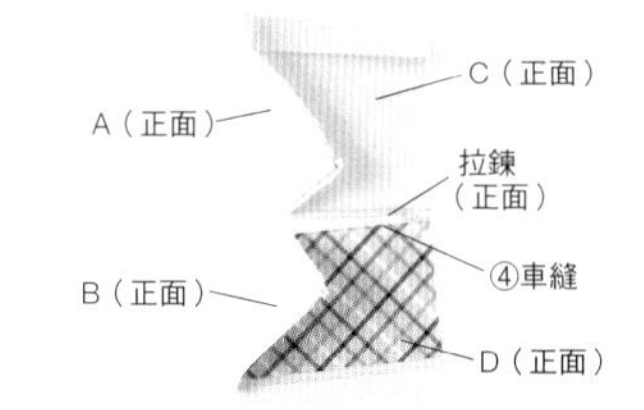

25 將前口袋裡布翻向上方，將前下袋身（D）的上端縫份摺入至完成線，由正面車縫於拉鍊下側。

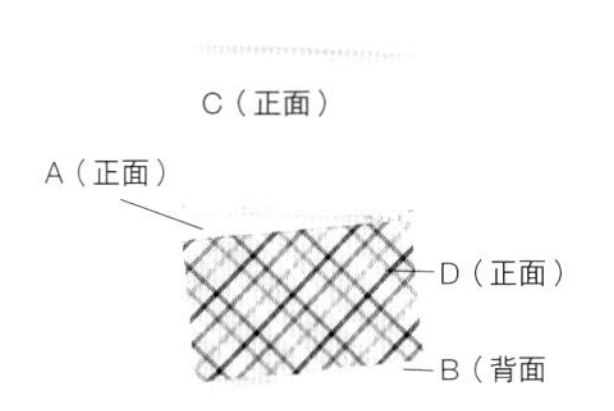

26 將前口袋裡布（B）再翻回下方，呈現完成的狀態。

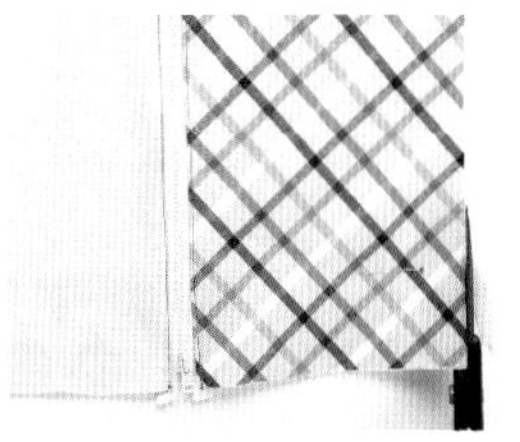

27 將前下袋身下方多餘布料修齊。完成前袋身的製作。

★口袋的縫製方法

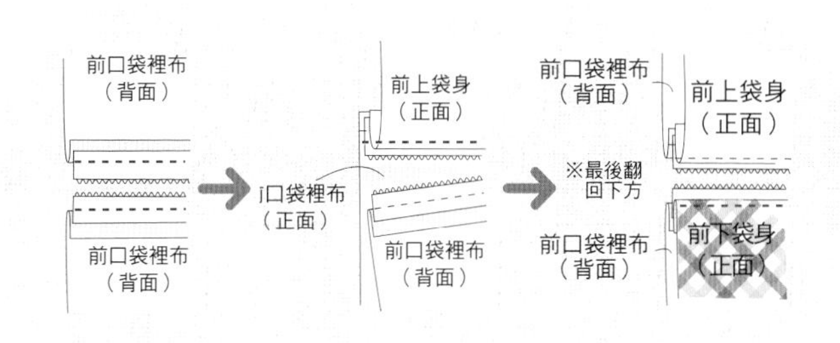

11. 縫合前袋身&側身

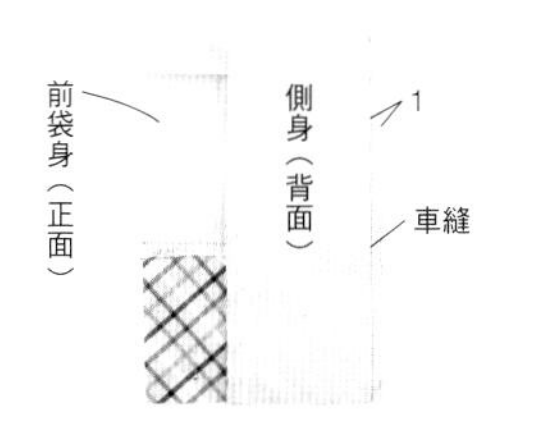

28 將步驟**27**之前袋身與步驟**22**之側身正面相對縫合。

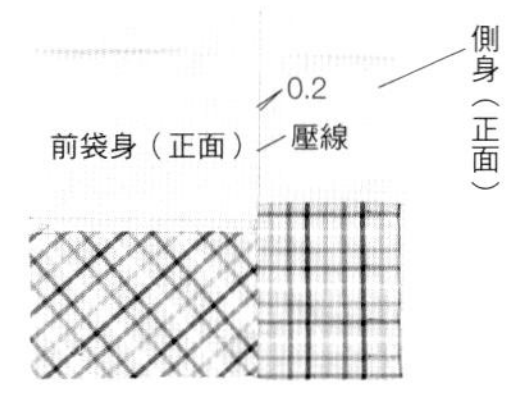

29 翻至正面後，將縫份倒向側身，並由正面壓線。

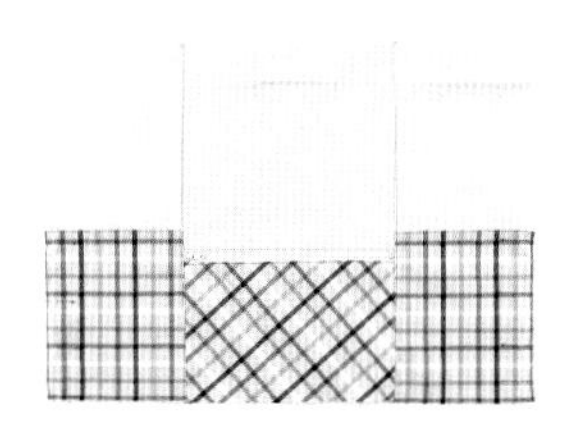

30 兩側皆以相同方式製作。

12. 接縫袋身

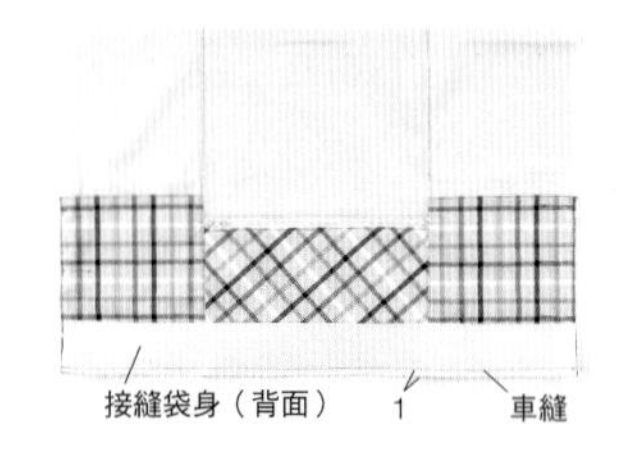

31 將袋身拼接布與步驟30完成之袋身正面相對車縫。

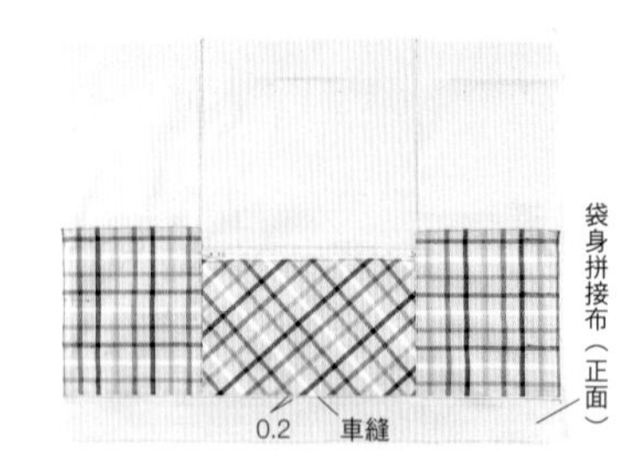

32 將袋身拼接布翻至正面，縫份倒向下側，進行壓線。

13. 將三角裝飾布縫於袋身

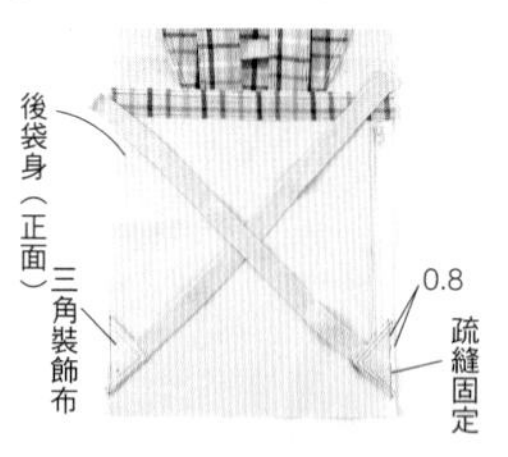

33 將三角裝飾布置於後袋身側邊，並疏縫固定。

14. 縫合後袋身

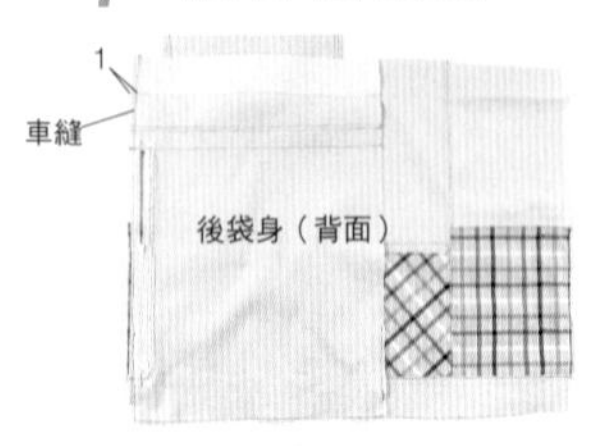

34 將後袋身與側身正面相對車縫，此時須避開調整肩背帶車縫。

35 另一側也依相同的方式車縫成一筒狀。

15. 組合袋底&袋身

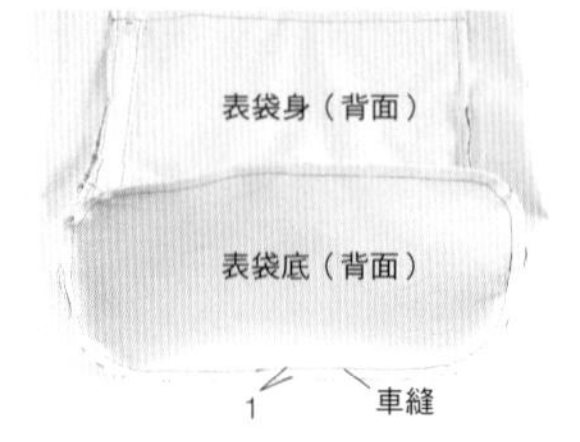

36 將筒狀袋身與表袋底正面相對車縫一圈。車縫時須將袋底對齊袋身布邊仔細車縫，如此便能順暢縫合圓弧部分（參考P.37步驟**4**至**6**、P.52步驟**8**）。完成表袋縫製。

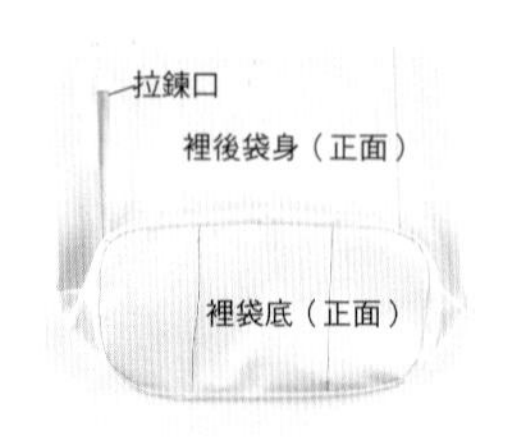

37 裡袋製作同表袋，將裡前袋身、裡側身、裡後袋身組合成筒狀（縫份均倒向側邊），接縫裡袋底後翻至正面。拉鍊口縫份於邊角剪牙口，摺至完成線備用。

16. 組合表袋&裡袋

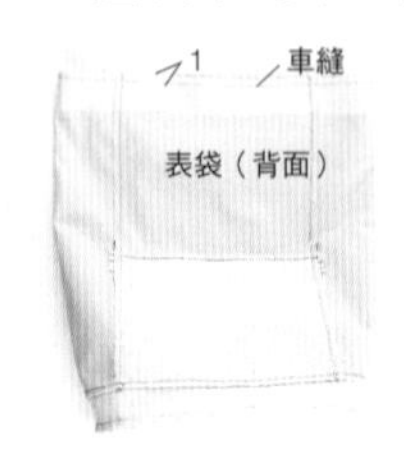

38 將表袋和裡袋正面相對套入，車縫袋口一圈。袋蓋、提把與肩背帶均倒向下方，以免縫入。

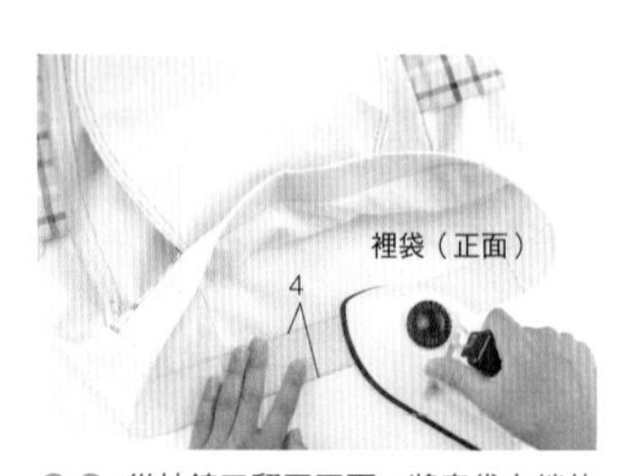

39 從拉鍊口翻至正面，將表袋上端依完成線翻摺至裡袋側。

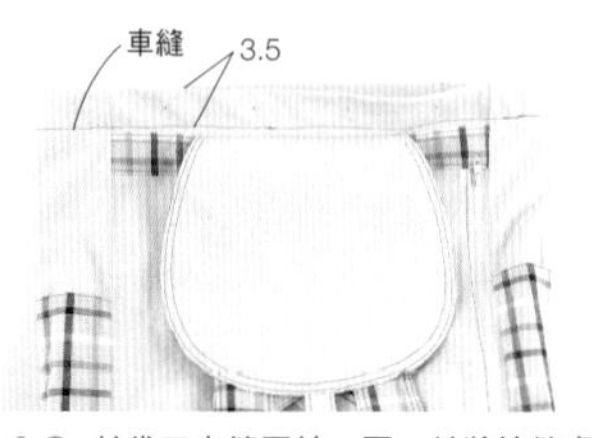

40 於袋口車縫壓線一圈。並將始縫處與止縫處留於後袋身較不明顯。

17. 將裡袋拉鍊口以藏針縫固定於表袋

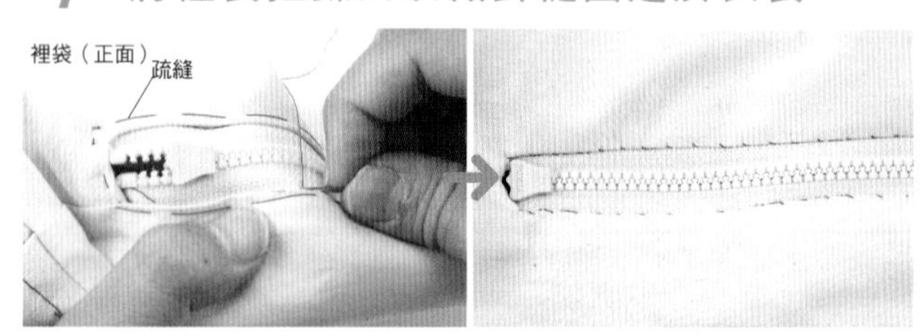

41 翻至背面，使裡袋為正面。於拉鍊口上進行疏縫，以藏針縫手縫固定後，將疏縫的縫線抽出。

18. 製作下釦絆

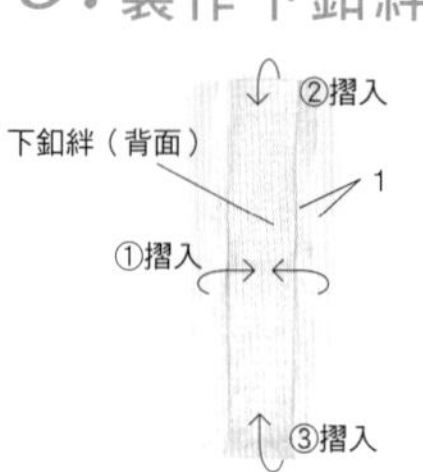

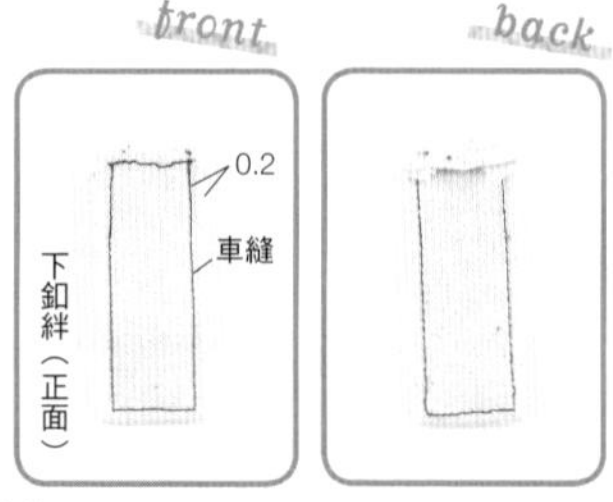

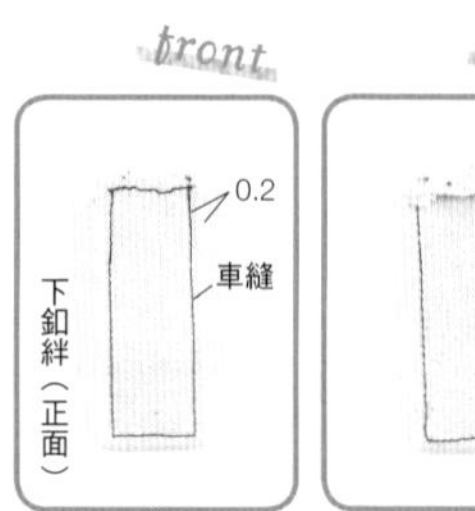

42 將下釦絆之縫份摺至完成線，並由正面車縫。

19. 於上·下釦絆安裝四合釦

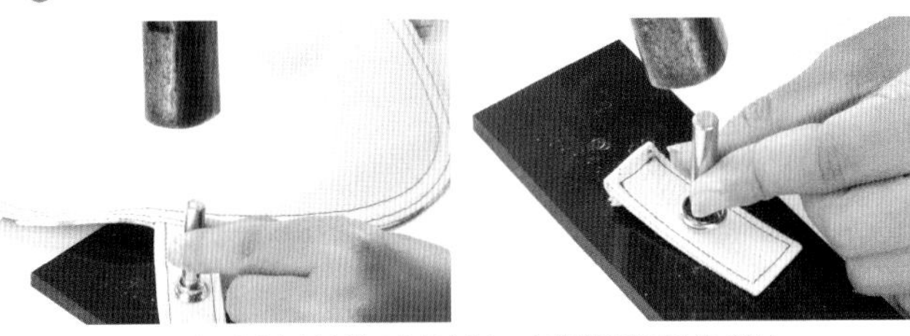

43 參考P.12作法，於上釦絆安裝四合釦（凸），下釦絆安裝四合釦（凹）。

20. 固定下釦絆

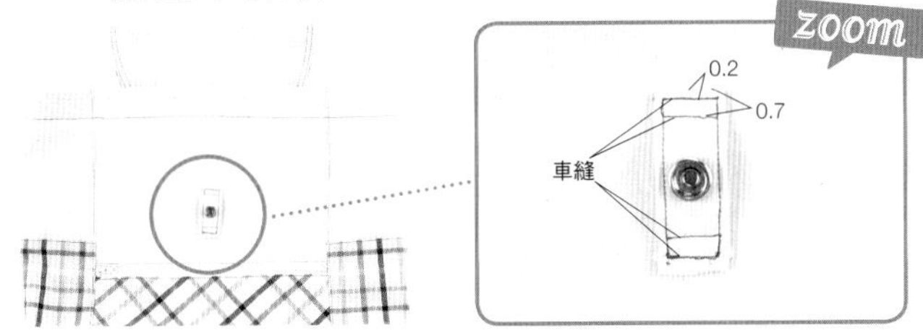

44 將下釦絆車縫固定於前上袋身。車縫時須和裡袋一起縫合（幫助補強也可防止裡袋歪斜）。注意避免縫入後袋身。

21. 袋口安裝雞眼釦&穿入棉繩

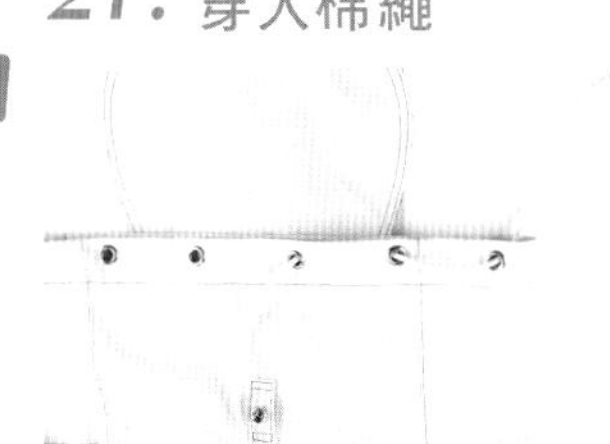

45 參考P.12作法，於雞眼釦固定位置上分別安裝12個雞眼釦，並將棉繩穿入。

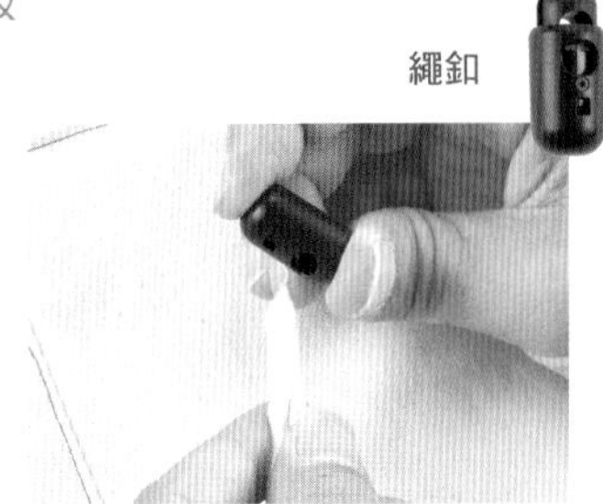

46 穿入棉繩後，將前端穿入繩釦打結。若先將棉繩前端以膠帶固定，可使穿入過程更順利。

22. 將調整長帶穿入肩背帶調節環

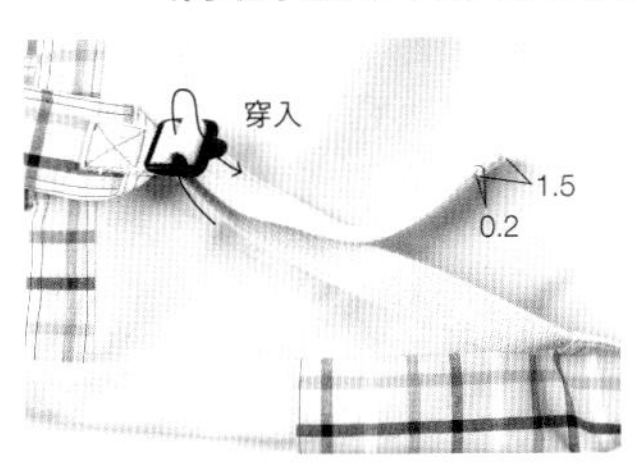

47 將有三角裝飾布的調整長帶穿入肩背帶上的肩背帶調節環下桿，邊緣三摺後車縫。

front

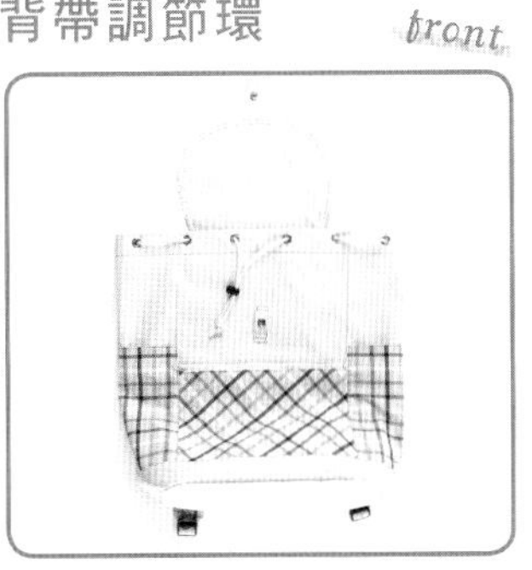

back

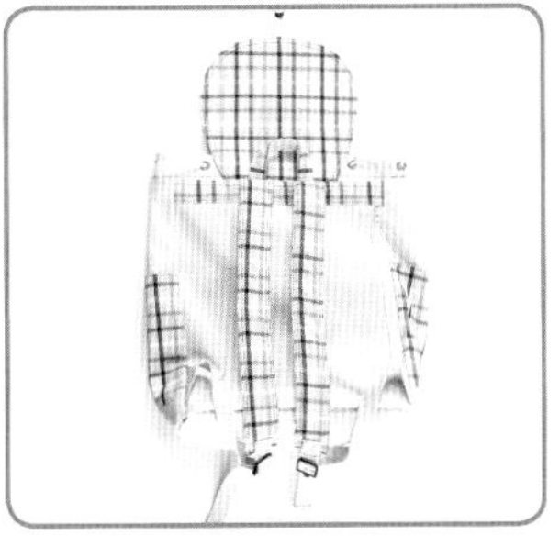

Arrange
格紋親子
後背包
(Kid's)

除步驟**12**、**42**至**44**之外，
其餘均與Basic相同。

★固定魔鬼氈

裡袋蓋（正面）
魔鬼氈（凸）

前上袋身（正面）
魔鬼氈（凹）

孩童款後背包，在開始縫製之前，須先分別於裡袋蓋和前上袋身正面縫製魔鬼氈。由於無上、下釦絆，所以於步驟**12**中縫合表、裡袋蓋時，可省略夾車釦絆。

Basic 難易度 ★★

花布拼接
口金包

以深藍色的布料襯托復古的花樣，
是款洋溢成熟女性風情的口金包。
其寬大的袋底和內口袋，
更可完整收納出門時必需的物品。

● 作法（LESSON7-2）➜ P.72～

7. gamaguchi bag

口金包

給人錢包印象的口金包，
只要搭配較大的雙耳口金，
即可搖身一變，成為兼具時尚與實用性的包包。
在此也仔細介紹安裝口金的訣竅喔！

DESIGN&MAKE／ Hisayo Kataoka（Peachmade）

寬大的開口，方便找到包內的物品，闔起口金時的清脆聲響也令人感到愉悅。只要使用市售的問號鉤，即可輕鬆的安裝提把。

布料提供／中商事（條紋花樣）　玻璃瓶／AWABEES

Arrange 難易度 ★★

條紋斜背口金包

以條紋圖樣的雙層紗布，
營造出帶有柔和氛圍的斜背口金包。
拼接處更以蕾絲與蝴蝶結裝飾，
形成自然可愛的視覺焦點。

● 作法（LESSON7-2）➔P.72～

問號鉤式的提把替換相當便利，所以可依當日心情，隨性選擇使用斜背或手提。
以手縫固定的蝴蝶結讓作品散發溫柔的氣息。

(Lesson 7) 口金包

● 原寸紙型 I 面〔D〕

完成尺寸
Basic　寬×高×袋底寬：約24×21×8cm（不包含口金＆提把）
Arrange　寬×高：約21×23cm（不包含口金＆提把）

Basic

材料

- 花朵圖案亞麻布……………… 30×30cm
- 深藍色亞麻布……………… 30×60cm
- 格紋棉布……………… 60×60cm
- 單膠襯棉……………… 50×60cm
- 雙耳21cm口金……………… 1個
- 附問號鉤長40cm皮革提把……………… 1條
- 長尾夾　2個、接著劑（黏合金屬・布料適用的管嘴透明接著劑）、口金塞入器或一字螺絲起子、口金壓鉗或鉗子（平口鉗）

裁布圖

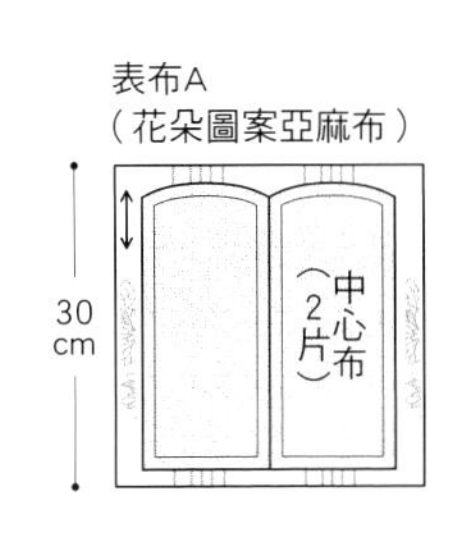

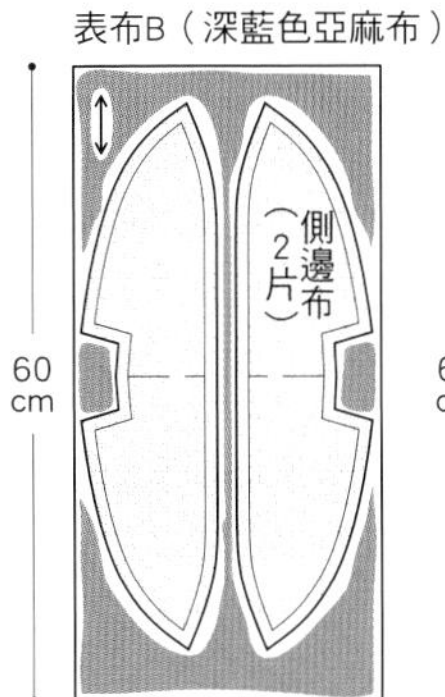

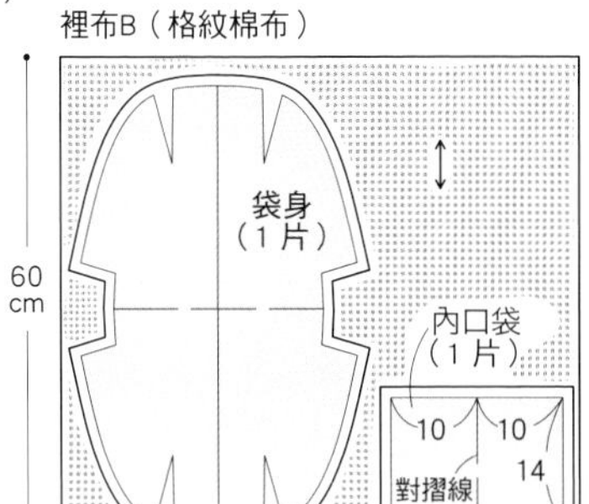

Arrange

材料

- 條紋雙層紗布……………… 60×45cm
- 圓點棉布……………… 55×30cm
- 單膠襯棉……………… 55×30cm
- 寬1.2cm 蕾絲……………… 30cm
- 寬1.2cm 羅紋緞帶……………… 50cm
- 雙耳16cm口金……………… 1個
- 附問號鉤長100cm皮革提把……………… 1條
- 長尾夾　2個、接著劑（黏合金屬・布料適用的管嘴透明接著劑）、口金塞入器或一字螺絲起子、口金壓鉗或鉗子（平口鉗）

裁布圖

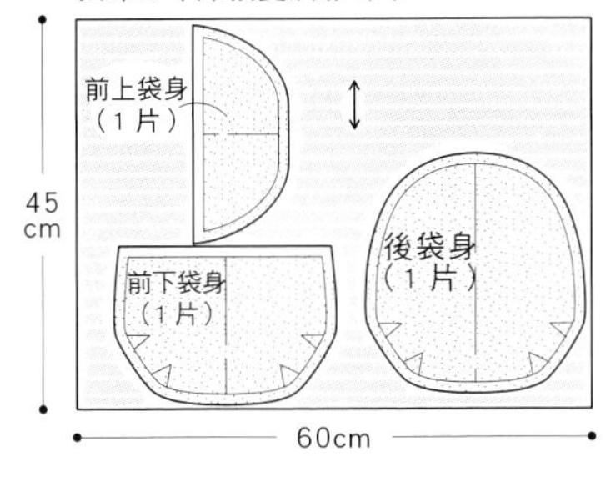

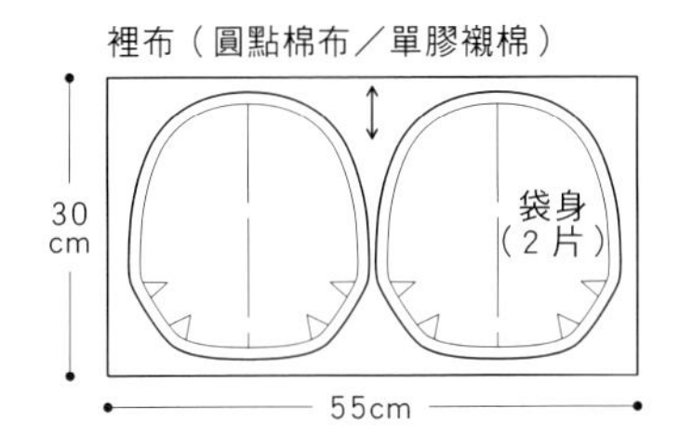

※縫份皆為1cm　※▭表示於背面熨燙布襯。
※單膠襯棉熨燙於前袋身（縫合後）與後袋身。

Basic
花布拼接口金包

1. 於表布熨燙單膠襯棉＆裁剪布料

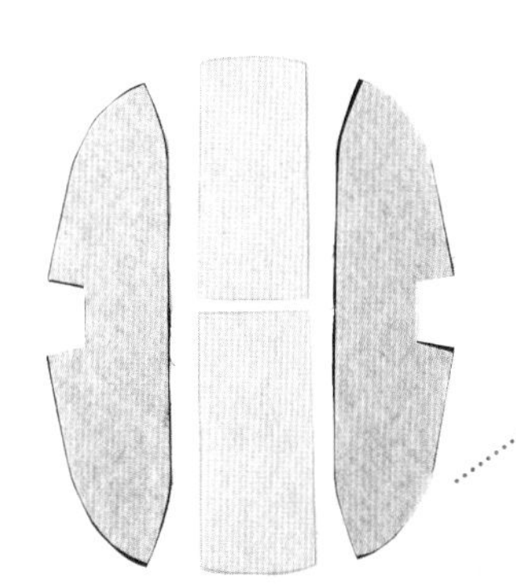

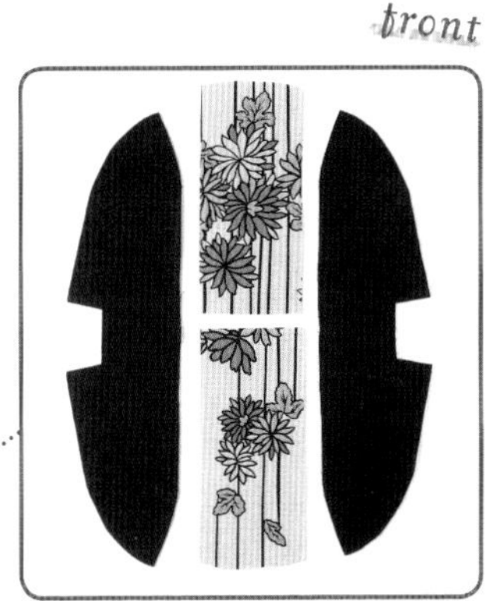

1

將單膠襯棉熨燙於粗裁後的中心布和側邊布，加上縫份後裁剪。裡布則直接裁剪。

2. 縫製表袋身

2 將兩片中心布正面相對車縫。

3 將縫份燙開。

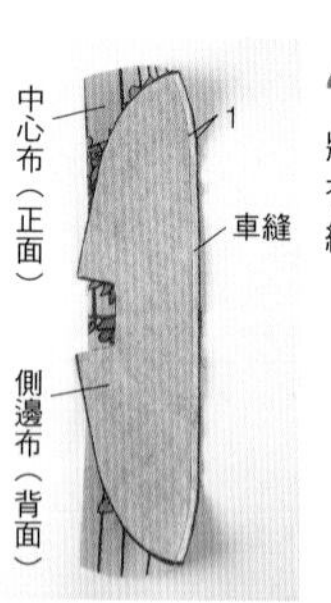

4 將中心布與側邊布正面相對並車縫一道。

5 將另一片側邊布依相同方式縫合，縫份倒向側邊布，並由正面壓線。

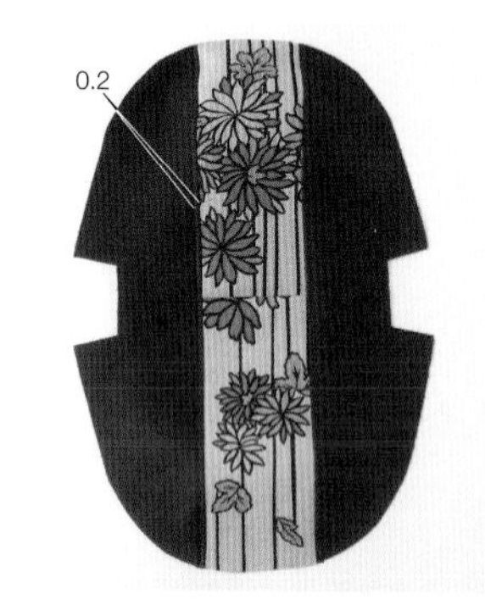

3. 車縫兩側

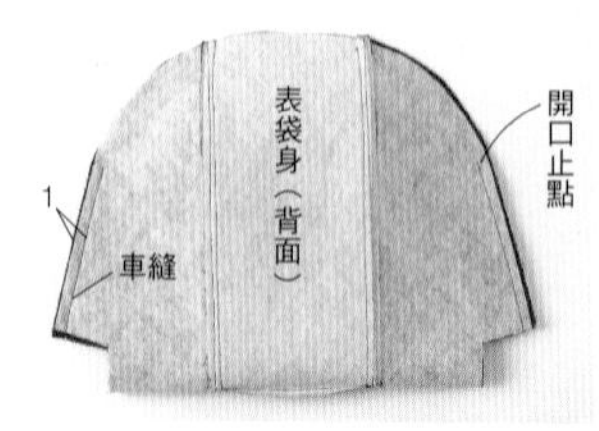

6 將表袋身正面相對對摺，車縫兩側至開口止點。

4. 車縫底角

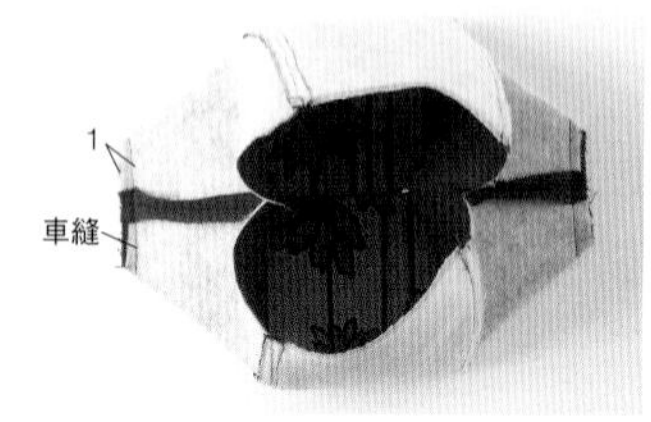

7 燙開步驟**6**之縫份，使袋底中心對齊側邊縫線，車縫底角，將縫份倒向袋底，完成表袋製作。

5. 車縫裡袋褶襉

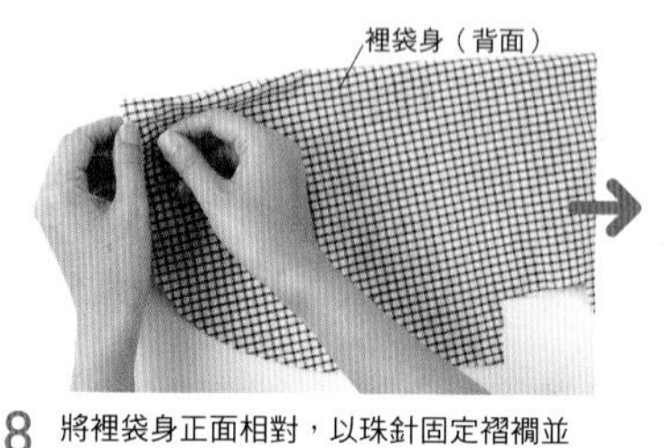

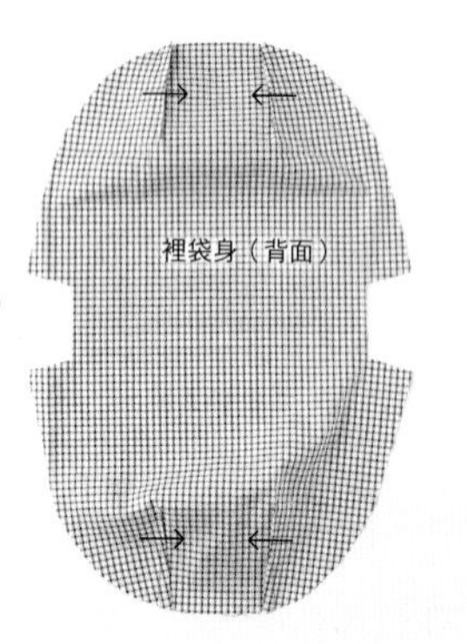

8 將裡袋身正面相對，以珠針固定褶襉並車縫。於兩側共縫製四處，使縫份倒向中心。

6. 製作內口袋

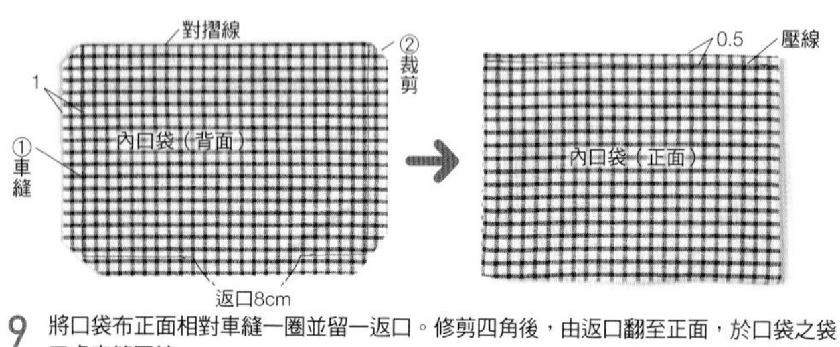

9 將口袋布正面相對車縫一圈並留一返口。修剪四角後，由返口翻至正面，於口袋之袋口處車縫壓線。

7. 將口袋車縫於裡袋身

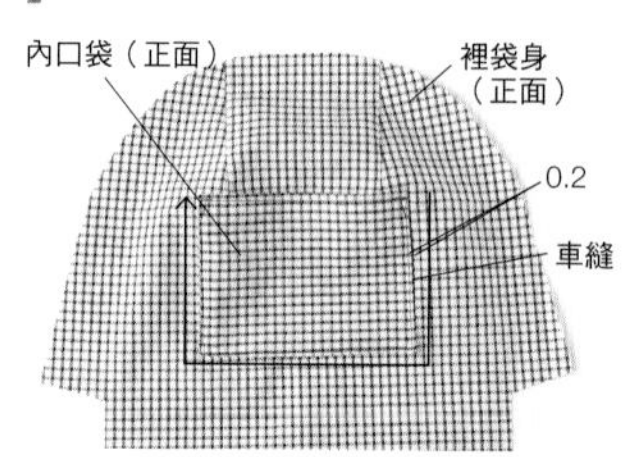

10 於裡袋身車縫口袋（除了袋口以外的三邊），並於袋口兩側邊角車縫三角形（請參考P.45步驟**4**）。

8. 縫製裡袋身

11 裡袋製作與表袋相同，車縫裡袋身兩側與底角，完成裡袋製作。

9. 將表袋&裡袋正面相對套入，車縫袋口一圈

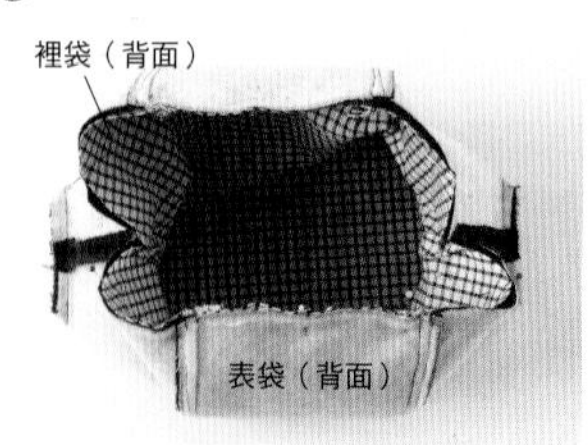

12 將表、裡袋正面相對套入。表袋若有前、後之分時，注意必須將裡袋有縫製口袋側置於後方。

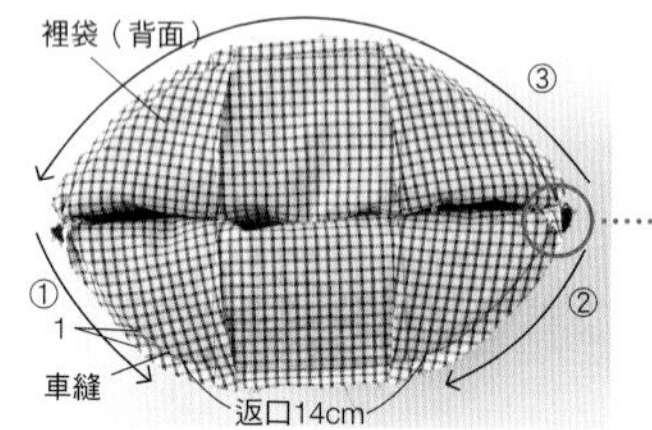

13 車縫袋口一圈並留一返口。車縫兩側時，為了避免縫入表袋和裡袋的縫份，須將縫份挑起後車縫，兩側以相同方式縫製完成後，再次燙開縫份。

★袋口側邊的車縫方式

10. 由返口翻至正面

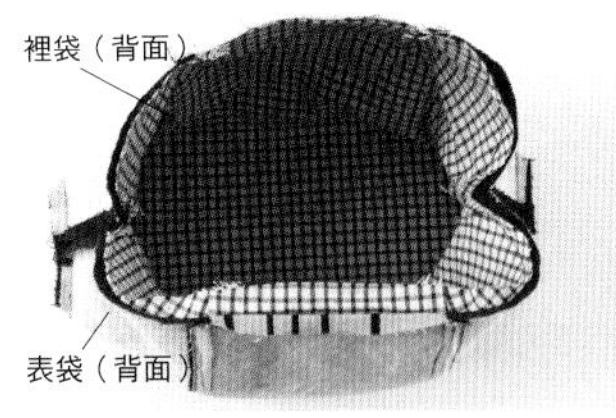

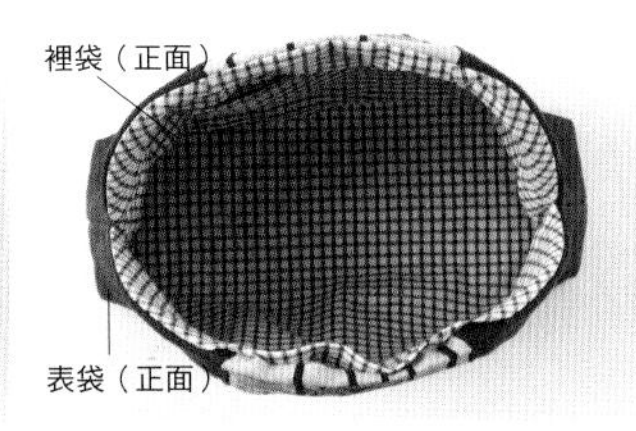

14 將步驟13之縫份燙開，並由返口翻至正面。

11. 袋口車縫壓線

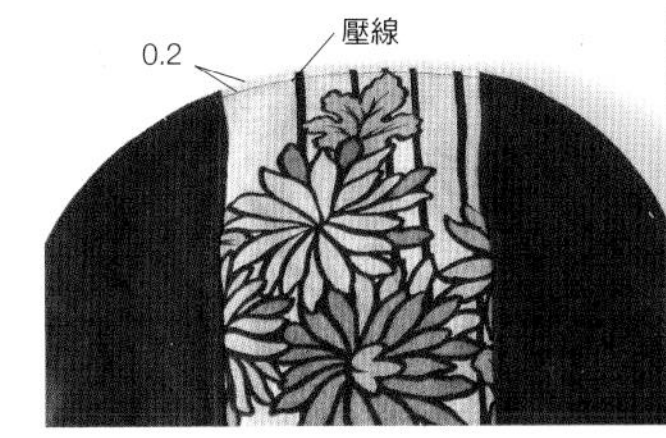

15 於袋口處壓線一圈，完成袋身。

12. 於口金內塗上接著劑

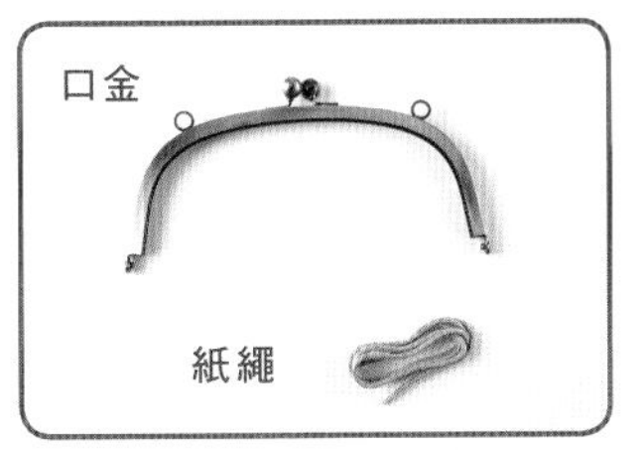

市面上有口金與紙繩的組合販售。

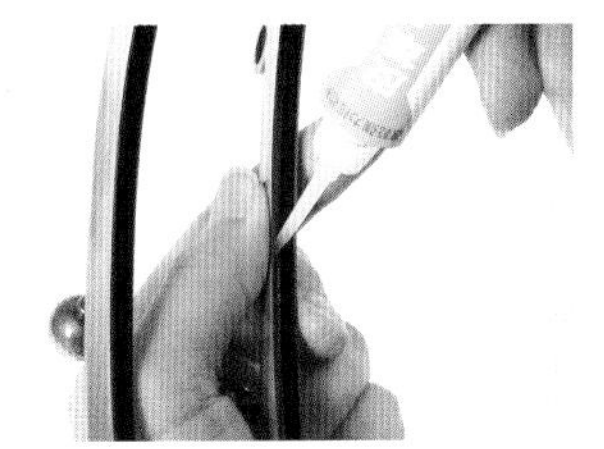

16 將接著劑塗於口金溝槽內側，溝槽的兩側側面也須均勻塗抹。

13. 將袋身嵌入口金

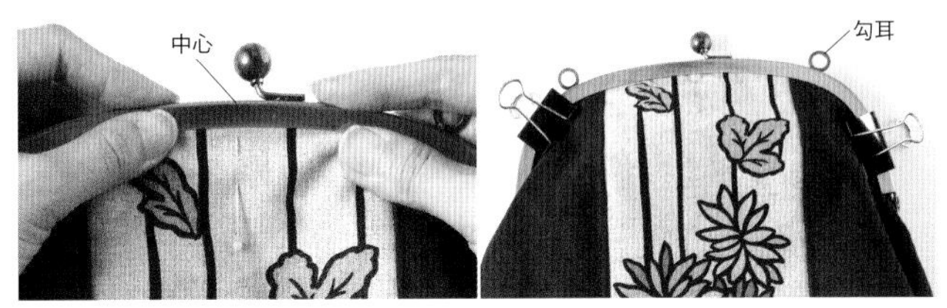

17 將袋身中心對齊口金中心，使袋身嵌入口金。由中心緩緩的向左、右塞入，可運用長尾夾輔助固定。有內口袋的後袋身也一併塞入口金。

14. 將紙繩塞入口金

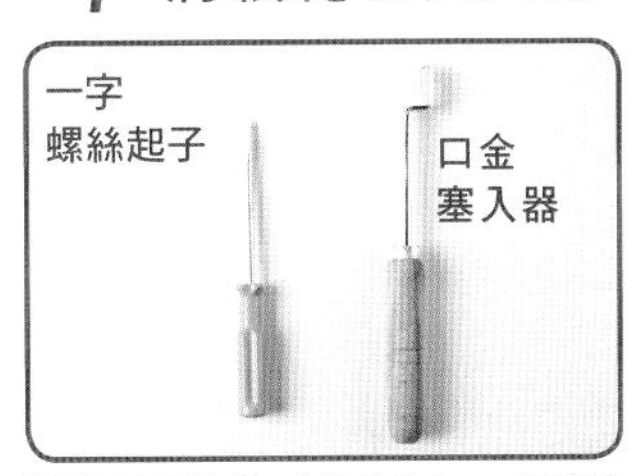

運用口金塞入器，有助於施力，一字螺絲起子的使用方式也相同。

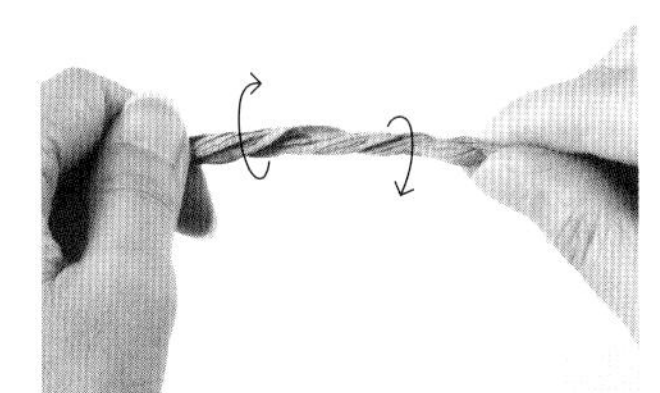

18 攤開紙繩，將紙繩往反方向扭轉，使接著面變寬。

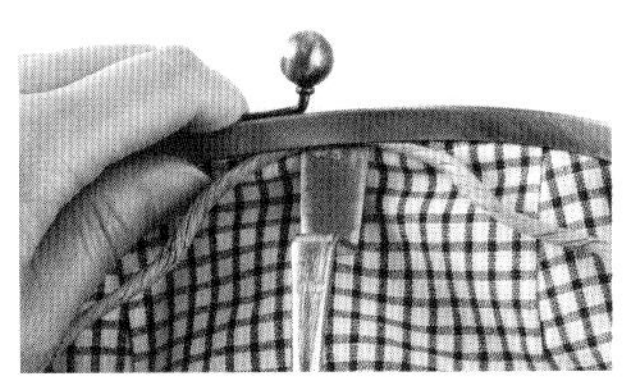

19 使用口金塞入器或一字螺絲起子，將紙繩從袋身的內側往口金內塞入。※此時建議戴上軍用手套保護手部安全。

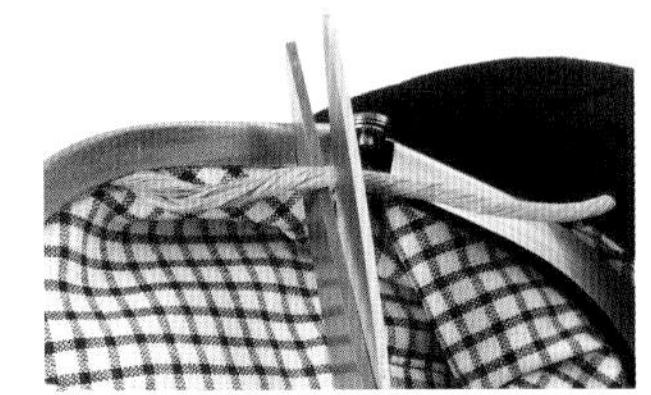

20 由中心緩緩向左、右塞入，拿掉長尾夾並修剪多餘紙繩，須塞至口金末端。

15. 夾緊口金兩側，確實固定

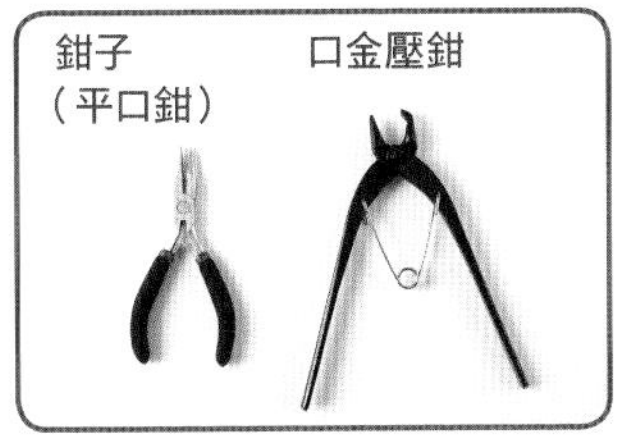

口金壓鉗是夾緊口金的專用工具，也可使用前端較窄的鉗子（平口鉗）代替。

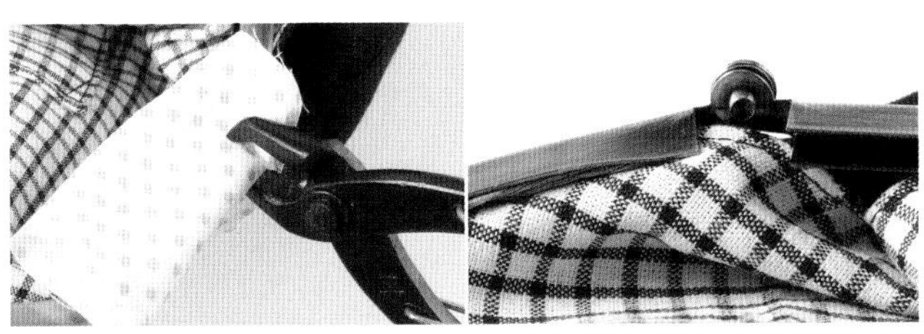

21-a 使用口金壓鉗時：為避免刮傷口金，建議以墊布包覆後，由側邊夾緊口金兩側。只須需使用口金壓鉗，即可達到僅口金內側彎曲固定的效果。

21-b　使用平口鉗時：先包覆墊布，由袋身側邊開口下方夾緊口金兩側（本書中，為方便平口鉗使用，特別於開口下方預留空間）。以平口鉗壓緊口金時，會形成口金內側和表側皆彎曲之情形。

16. 將提把固定於口金雙耳

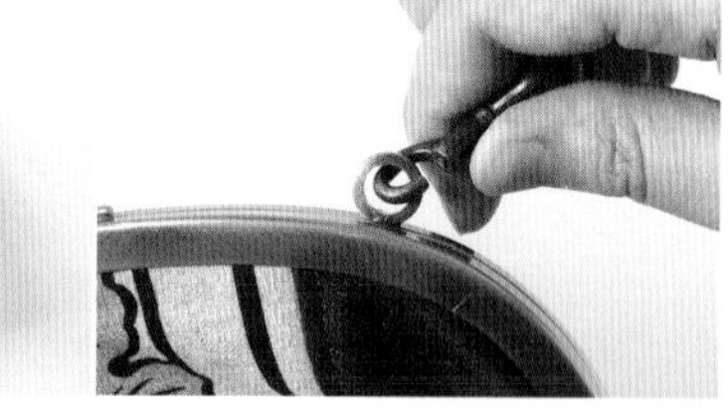

22　運用提把問號鉤，將提把固定於口金雙耳上。

Arrange

條紋斜背口金包

步驟**1**至**6**之後請參考Basic的步驟**12**至**22**縫製。

1. 縫合表前布

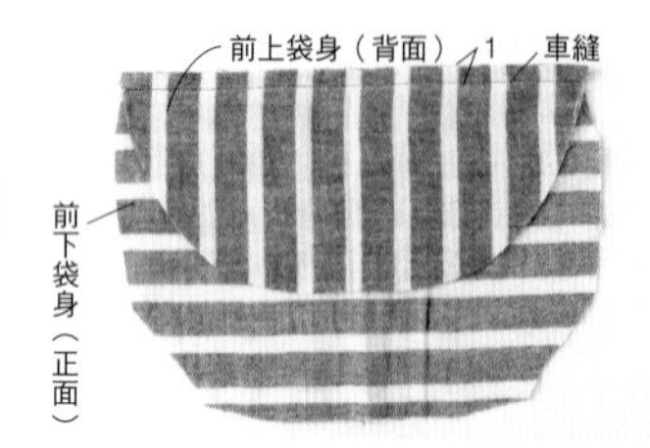

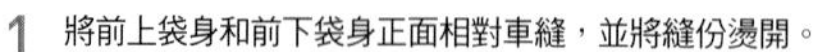

1　將前上袋身和前下袋身正面相對車縫，並將縫份燙開。

2. 熨燙單膠襯棉

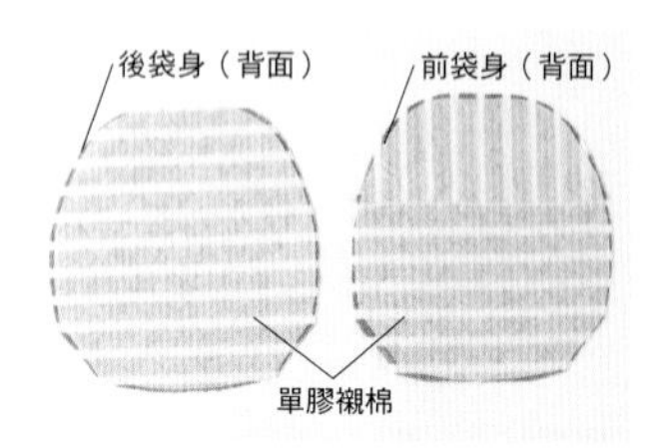

2　於前袋身與後袋身背面分別熨燙單膠襯棉。

3. 車縫蕾絲

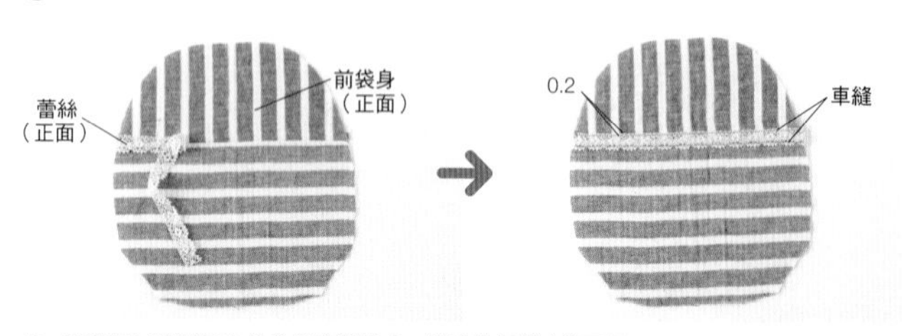

3　將蕾絲以珠針固定於前袋身拼接處，並以縫紉機車縫兩側。

4. 車縫褶襇

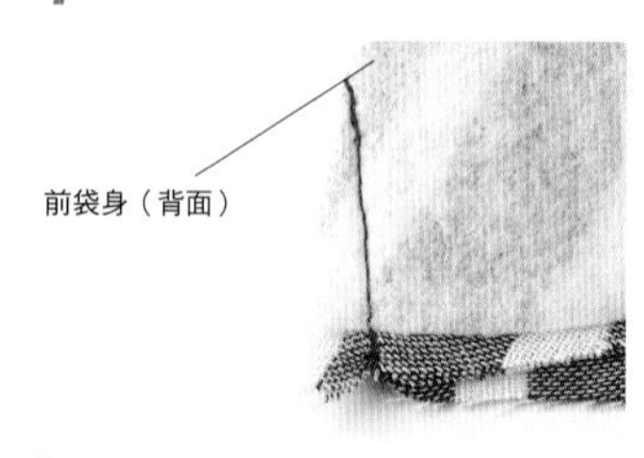

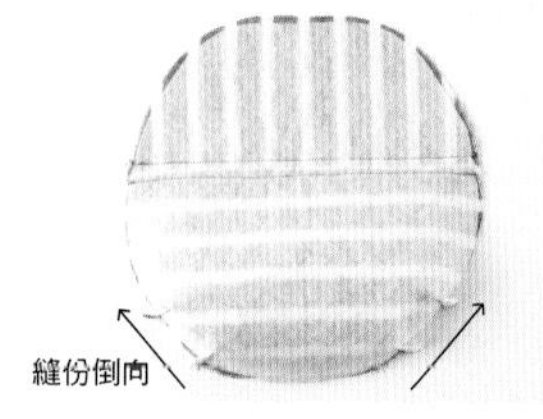

4　將前、後袋身正面相對，分別車縫四處褶襇，縫份倒向上方。

5. 製作蝴蝶結＆固定

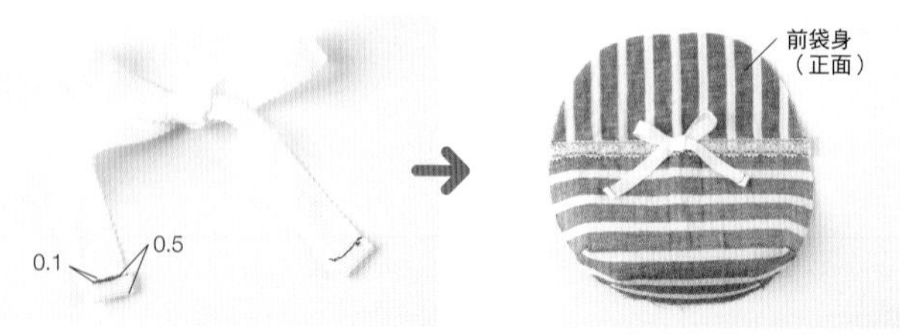

5　將羅紋緞帶尾端製作三褶邊並車縫，完成後繫成蝴蝶結，以手縫方式固定於前袋身。

6. 縫合袋身

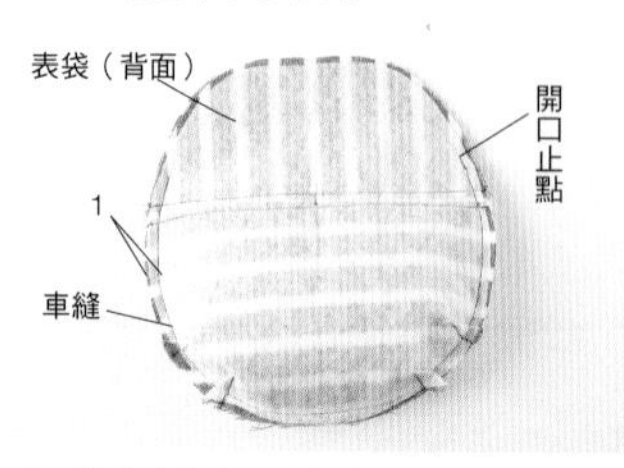

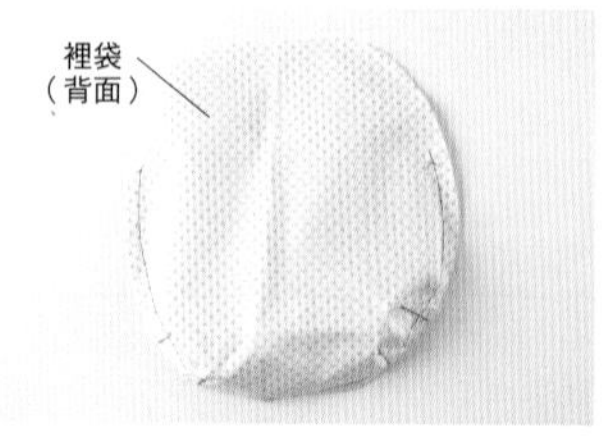

6　將前表袋身和後表袋身正面相對，車縫側邊至開口止點。裡袋身也依相同方式製作，車縫褶襇後縫合側邊。完成表袋與裡袋製作。

想一起帶出門的
手作包與布小物

本單元將介紹能隨身攜帶或裝飾於包包上，
可盡情享受搭配樂趣的幾種包款。
有方便摺疊收納的環保袋，
也有能快速更換包包的袋中袋，
更有運用剩餘布料製作的小吊飾，包包形狀的設計也超可愛呢！

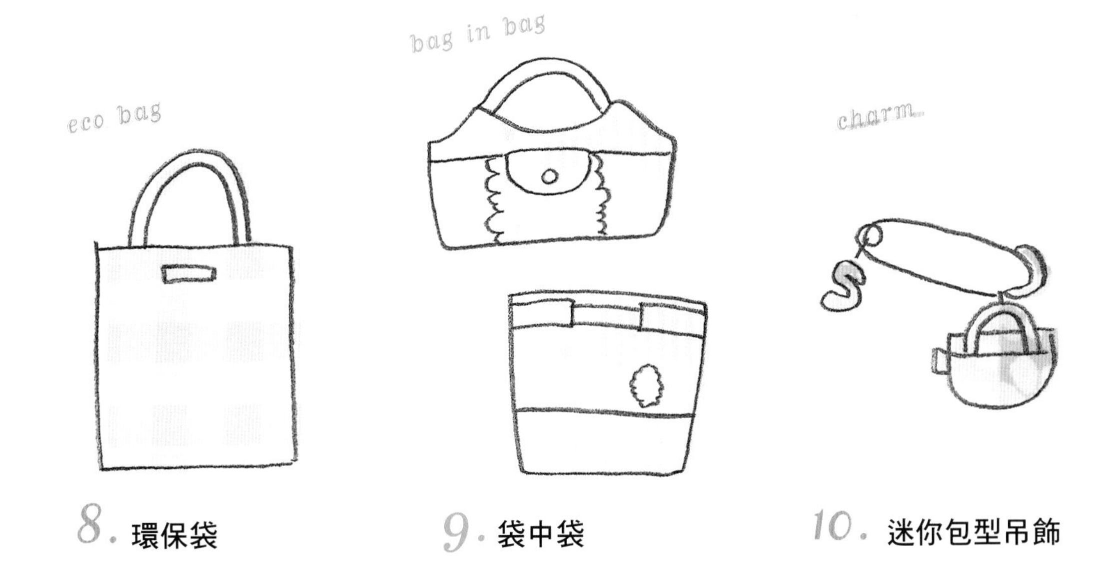

8. 環保袋

9. 袋中袋

10. 迷你包型吊飾

8. eco bag

環保袋

尺寸約為A3，是稍大的扁平環保袋。
即使物品增加也一樣好提，
寬版提把的設計，
可輕鬆摺疊收納，是包包內的必需品。

Arrange 1 難易度 ★

附口袋環保袋

原色亞麻布上
搭配粉紅色的格紋薄棉布。
運用口袋設計為簡約的布料增添色彩。

● 作法（LESSON8）→P.80

Compact

只須將口袋翻過來，即可將環保袋收納成錢包尺寸。

Basic 難易度 ★

附口袋的圓點亞麻布環保袋

於可愛圓點的亞麻布上，縫製了深藍色提把，
完成簡約風格的提袋。
採用單片縫製，收納更輕巧便利。

● 作法（LESSON8）→P.80

Compact

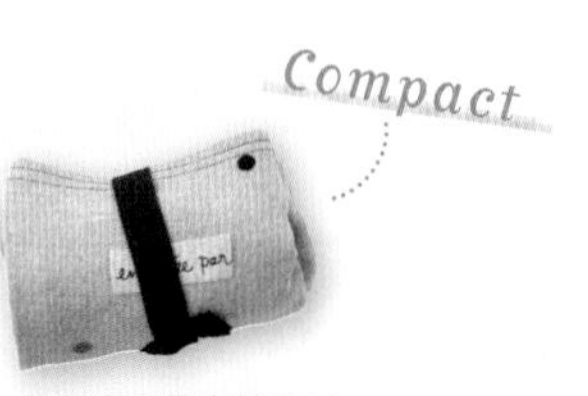

只要運用固定於袋口內側的鈕絆捲起，即可變身為輕巧尺寸。

Arrange 3 難易度 ★★★

蝴蝶結提把環保袋

運用雙面布料製作提把繫結的款式。
提把處刻意不作壓線，保留布料原有的質感，
只需繫上蝴蝶結，即可營造出優雅的華麗感。

● 作法(LESSON8) →P.80

依繫結的方式可調整提把長度，很適合大人小孩一起共用唷！

Arrange 2 難易度 ★

雙面環保袋

於內側加上裡袋，縫製成可雙面使用的提袋，
表、裡以不同花色的布料製作，運用同色系達到調合效果，
當然，也可嘗試大膽的布料搭配唷！

● 作法(LESSON8) →P.80

正面採用古典的植物剪影，反面則是休閒的直條紋花樣。

DESIGN&MAKE／Mioko Sugino（komihinata）
馬、リボン／AWABEES

(Lesson 8) 環保袋

● 原寸紙型 Ⅱ 面〔I〕

完成尺寸
Basic・Arrange1
寬×高約：33×38cm（不包含提把）
Arrange2・Arrange3
寬×高約：33×39cm（不包含提把）

Basic

材料

● 圓點亞麻布⋯⋯⋯35×80cm
● 深藍色棉布⋯⋯⋯35×50cm

Arrange 1

材料

● 原色亞麻布⋯⋯⋯⋯⋯35×80cm
● 格紋亞麻布⋯⋯⋯⋯⋯55×50cm

Arrange 2

材料

● 植物花樣亞麻布⋯⋯65×80cm
● 直條紋棉布⋯⋯⋯⋯35×80cm

Arrange 3

材料

● 豆沙色棉布⋯⋯⋯⋯⋯⋯35×80cm
● 直條紋棉布⋯⋯⋯⋯⋯⋯75×80cm

裁布圖

Basic、
Arrange1皆相同

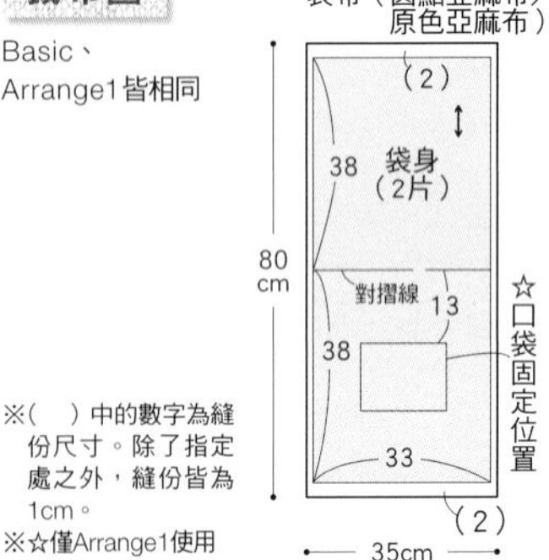

※（ ）中的數字為縫份尺寸。除了指定處之外，縫份皆為1cm。
※☆僅Arrange1使用
※★僅Arrange3使用

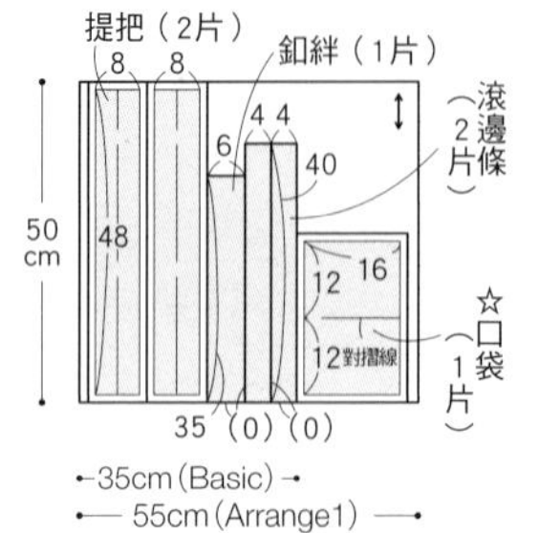

裁布圖

Arrange2 &
Arrange3共同
使用。

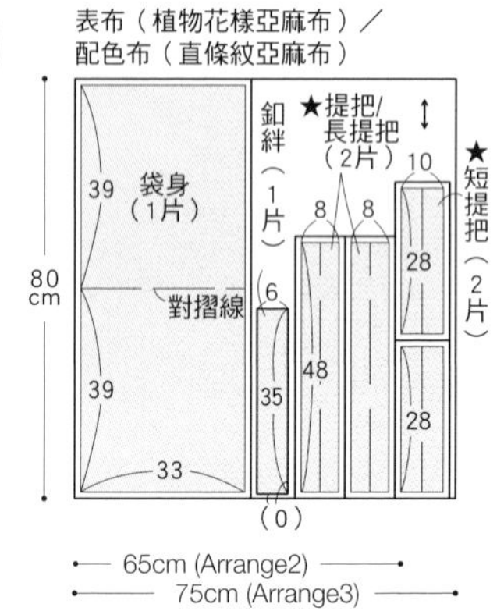

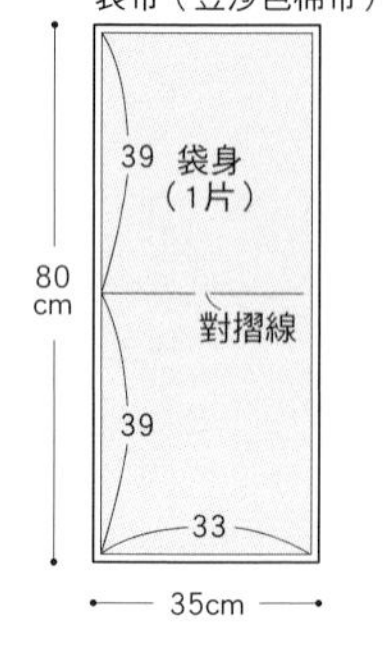

1. 製作提把

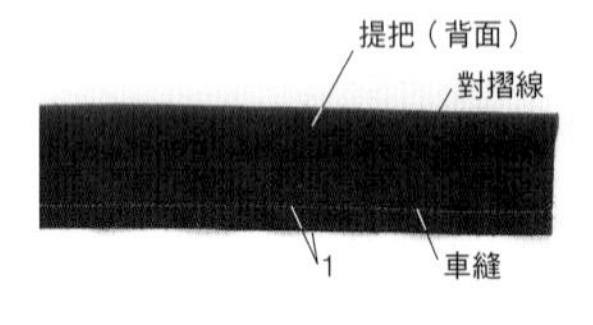

1 將提把正面相對車縫，縫份1cm。

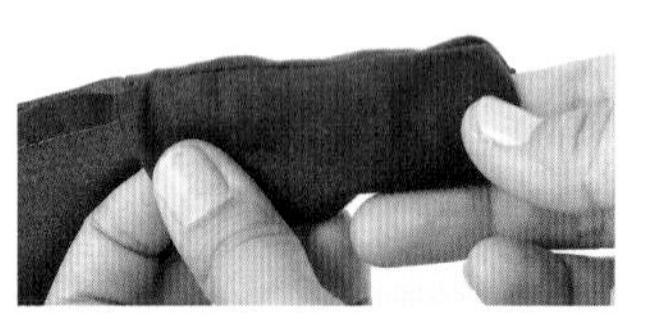

2 翻至正面。

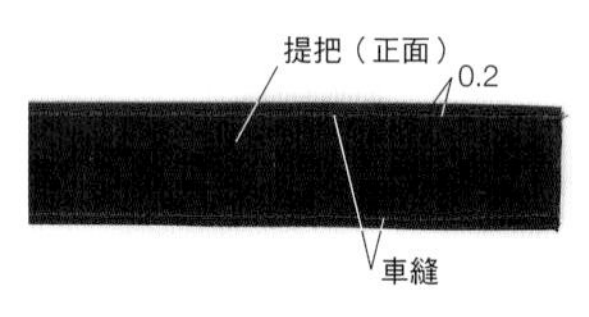

3 於提把兩端進行壓線，共完成兩條。

2. 製作釦絆

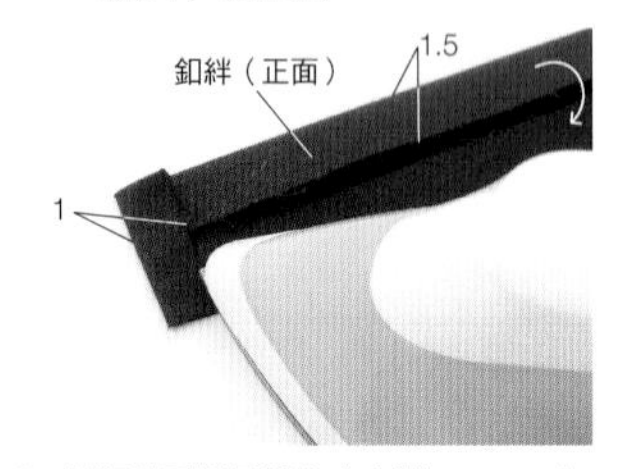

4 將釦絆兩側長邊向中心摺1.5cm，短邊其中一側向內摺1cm後，再將釦絆對摺。

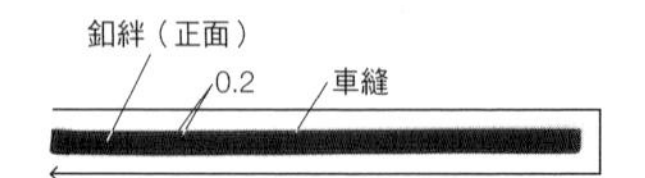

5 除了未摺疊的布邊，其餘三邊車縫ㄈ字形。

3. 夾入提把與釦絆&車縫袋口一圈

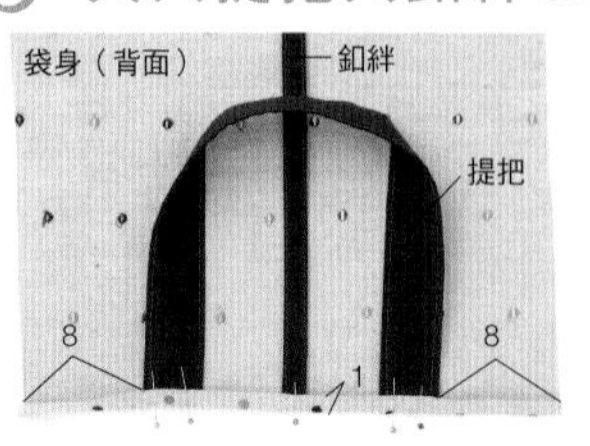

6 將袋身的袋口處往背面摺入1cm，製作三摺邊，夾入提把與釦絆（未摺疊布邊側）。完成後拉起提把，重新以珠針固定。

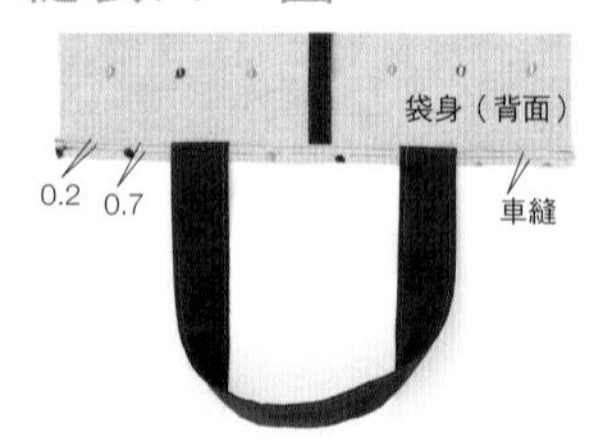

7 於距離摺線0.2cm和0.7cm的位置車縫袋口壓線一圈。此時須連同提把一起車縫。另一側的袋口也依相同方式車縫（但不夾入釦絆）。

4. 車縫兩側

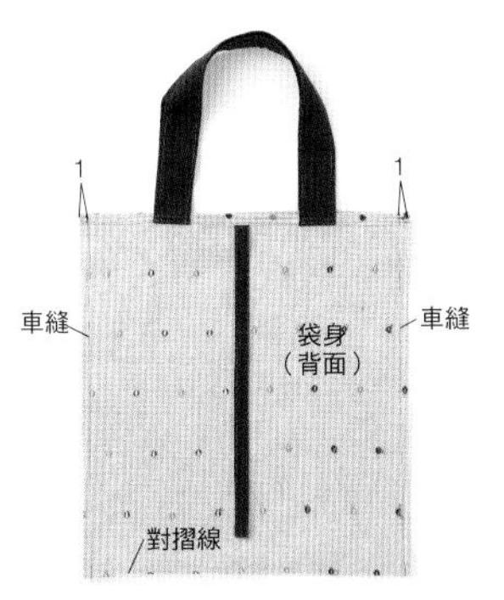

8 將袋身正面相對車縫兩側，縫份1cm。

5. 製作滾邊

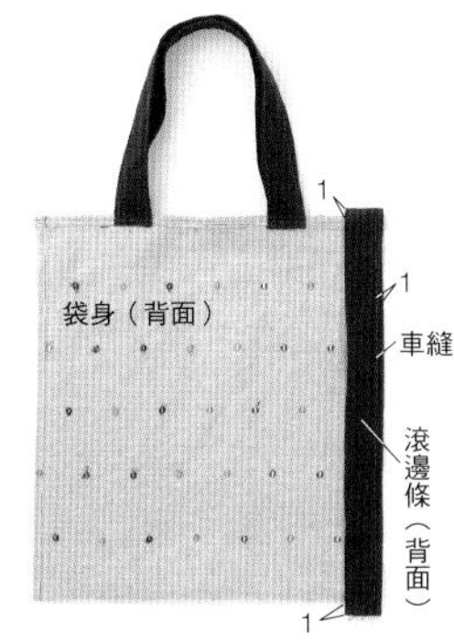

9 將滾邊條上、下各預留1cm，重疊於側邊，以縫份1cm車縫。

10 參考P.19作法，包覆上、下縫份進行滾邊。

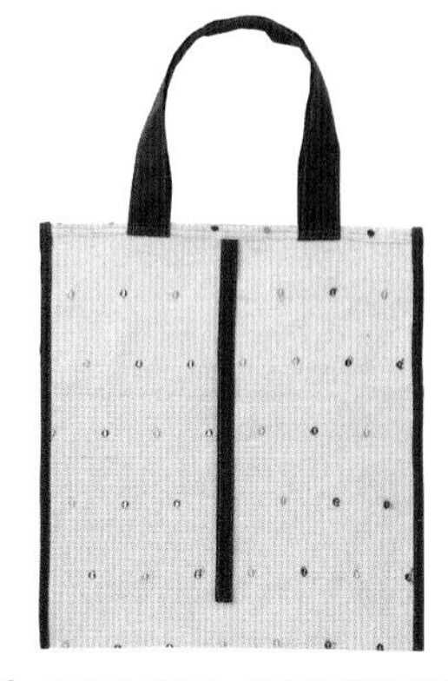

11 兩側完成滾邊。將袋身翻至正面後即完成。

Arrange 3 蝴蝶結提把環保袋

1. 製作提把

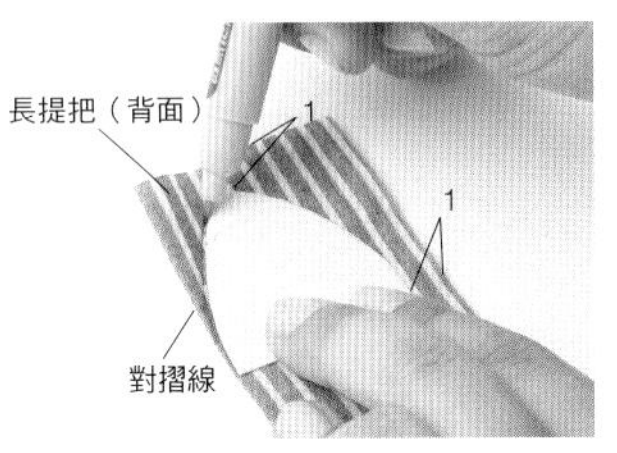

1 提把布對摺後，將提把紙型重疊於其中一側前端並描繪，加入縫份1cm後裁剪。

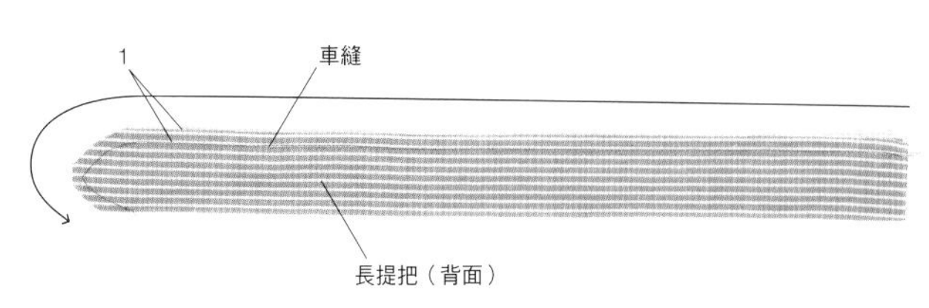

2 沿完成線車縫後翻至正面（不壓線）。以相同方式製作長提把和短提把各兩條。

2. 縫合袋口

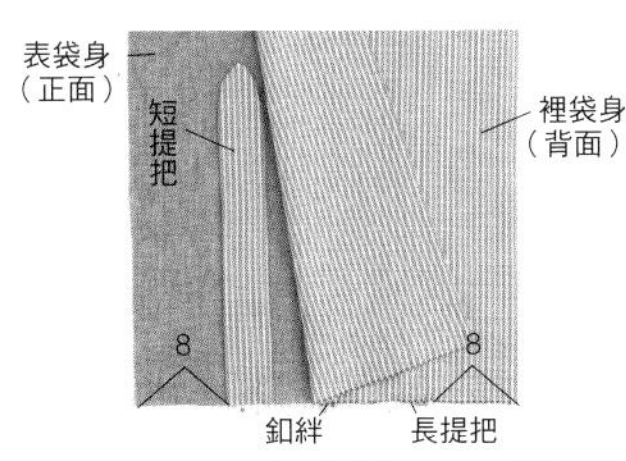

3 將長提把、釦絆（與Basic的釦絆相同）、短提把放置於表袋身上，與裡袋身正面相對，以珠針固定。

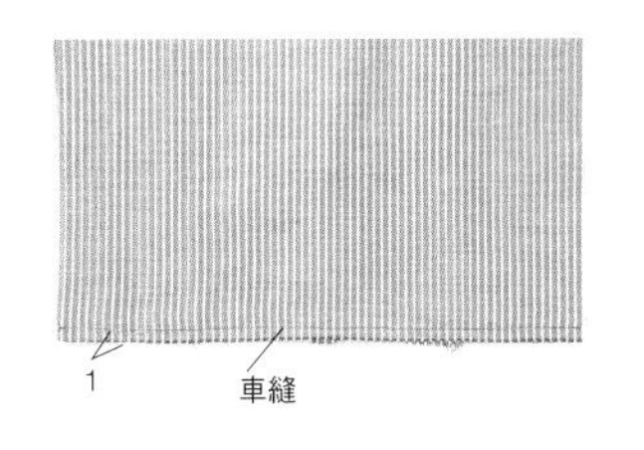

4 縫合袋口。另一側袋口也依相同方式製作，於正面相對的袋身夾車長提把和短提把。

3. 車縫兩側

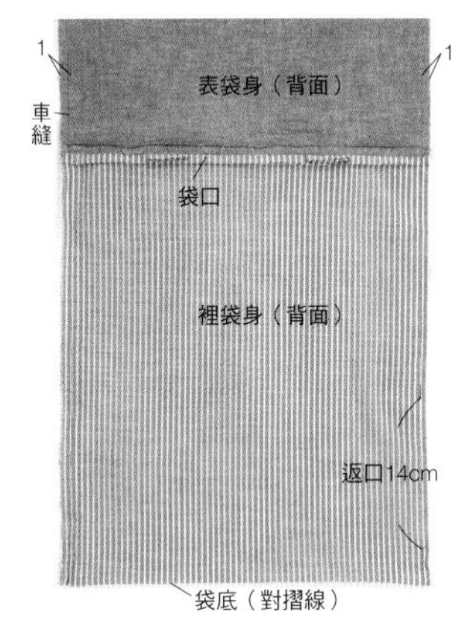

5 將袋口處縫份燙開，表、裡袋身對齊袋口接縫線，分別車縫側邊。

4. 翻至正面

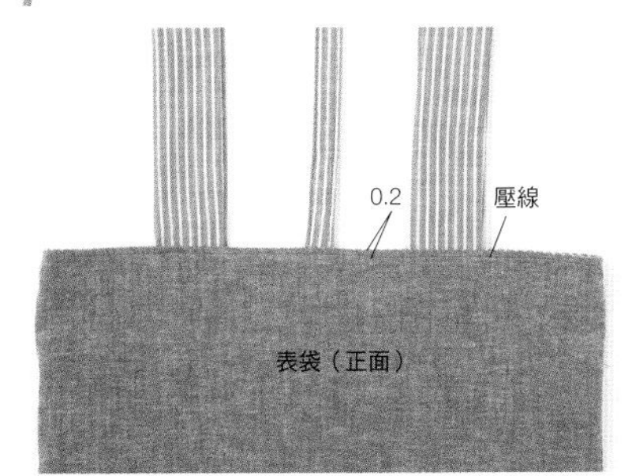

6 燙開側邊縫份，由返口翻至正面後，縫合返口。將裡袋套入表袋內，由袋口處正面壓線。繫上提把就完成囉！

Arrange 1
附口袋環保袋

將口袋固定於指定位置上。
其餘皆與Basic相同。

Arrange 2
雙面環保袋

提把與Basic相同。
其餘皆與Arrange3相同。

9. bag in bag

袋中袋

袋中袋可輕鬆將包包內小物
收納得井然有序，
直接移動袋中袋，即可快速更換包包，
再也不擔心會遺漏物品了。

Wide Type 難易度★★

優雅蕾絲
裝飾袋中袋

時髦的袋型設計，略有經典款祖母包的感覺，
午餐時間時，也可直接拎著袋中袋外出，
附有精緻裝飾釦的袋蓋和蕾絲裝飾的口袋，
是此款袋中袋的設計重點。

● 作法（LESSON9）➔P.84

DESIGN&MAKE／Yoko Kubodera（dekobo kobo）
布料提供／sol pano（表布）

內口袋縫有鬆緊帶，小東西不易掉出，相當方便喔！

以耐用性極佳的皮革製作提把。卡片等小物可收納於外口袋中。

雖然尺寸較小，但袋底寬大，可確實收納外出時的必需物品。

袋口運用了附有四合釦的釦絆，拎著外出也十分安心。

(Lesson 9) 袋中袋

● 原寸紙型Ⅰ面〔E〕

完成尺寸（不包含提把）
寬×高×袋底寬：約25×13.5×8cm

Basic

材料

- 直條紋棉布 ………………… 75×50cm
- 棉麻羊毛布 ………………… 25×10cm
- 亞麻布（棕色）…………… 85×35cm
- 布襯 ……………………… 75×50cm
- 寬2cm皮革 ………………23cm　2條
- 寬2cm斜紋織帶（棕色）…23cm　2條
- 寬13.5cm棉布蕾絲 …………… 18cm
- 寬0.7cm鬆緊帶 ……………… 33cm
- 直徑1.5cm裝飾釦 ……………… 1組
- 直徑1.2cm四合釦 ……………… 1組

裁布圖

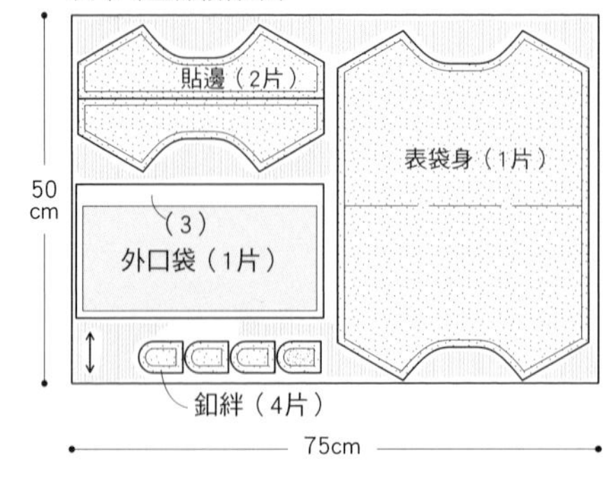

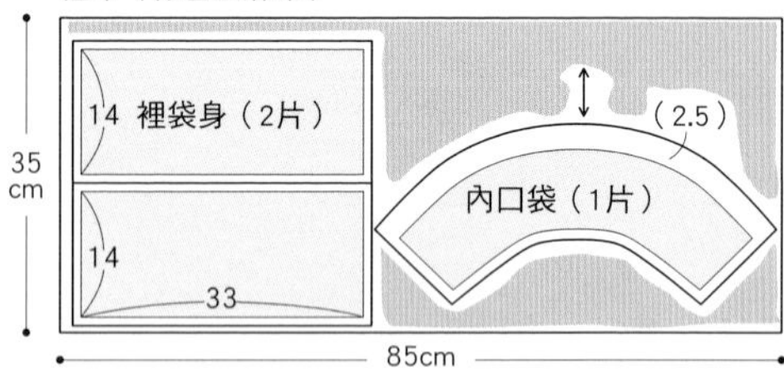

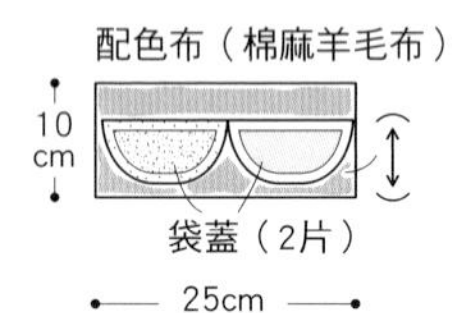

※(　)中的數字為縫份尺寸。
除指定處之外，縫份皆為1cm。
※▭表示於背面熨燙布襯。

1. 熨燙布襯

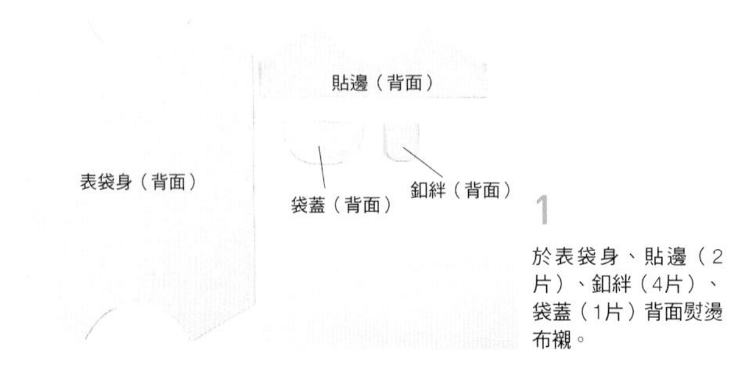

1 於表袋身、貼邊（2片）、釦絆（4片）、袋蓋（1片）背面熨燙布襯。

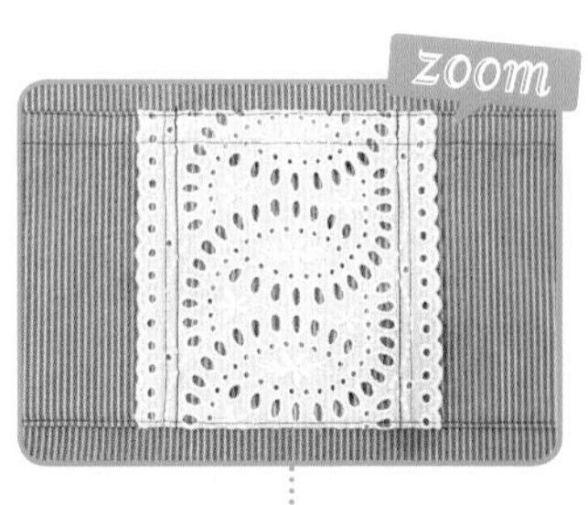

2. 製作外口袋

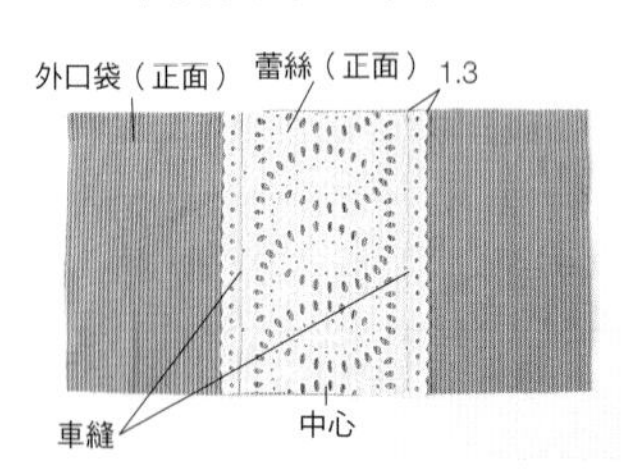

2 將蕾絲中心對齊外口袋中心，並車縫兩側。

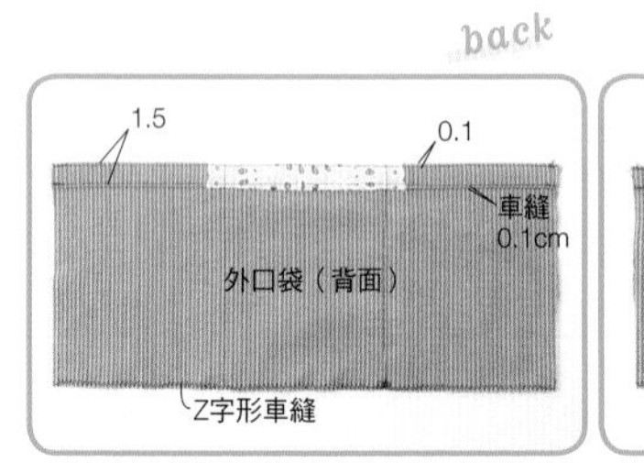

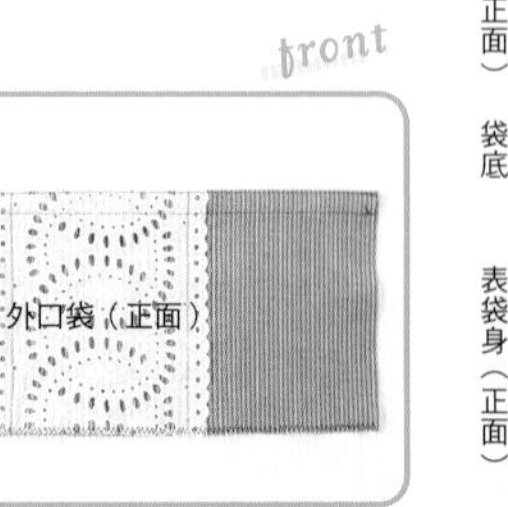

3 將口袋之袋口處以三摺邊車縫，下端進行Z字形車縫後，摺至完成線備用。

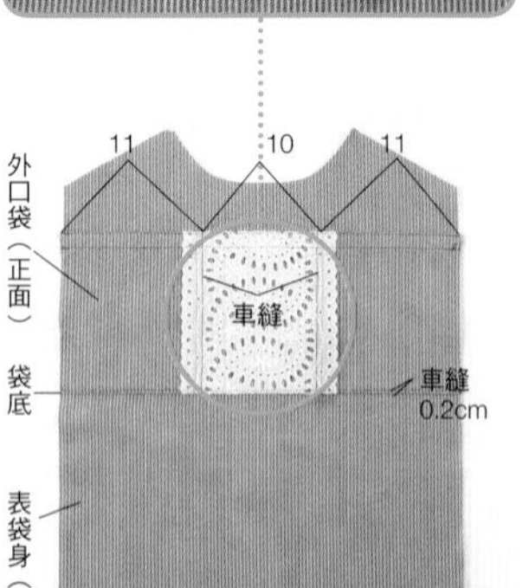

4 將外口袋下端對齊表袋身之袋底並車縫，完成後車縫分隔線。須於分隔線車縫後之位置回針作為補強。

3.製作袋蓋

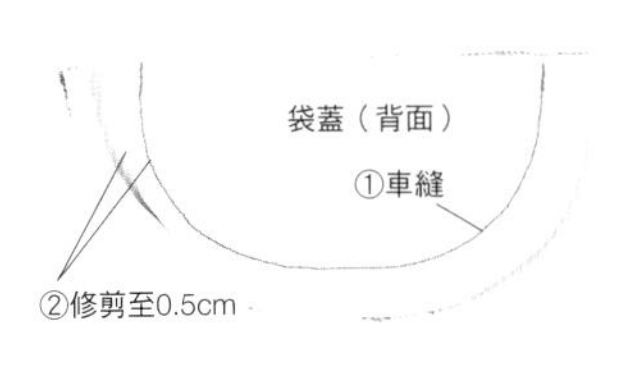

5 將袋蓋正面相對車縫後，縫份修剪至0.5cm。

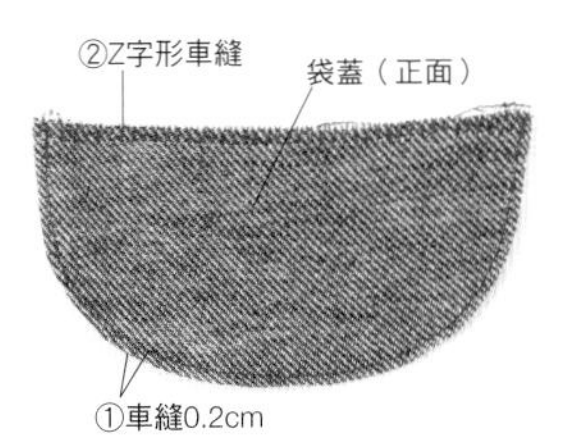

6 翻至正面後於邊緣車縫壓線，上方縫份處則進行Z字形車縫。

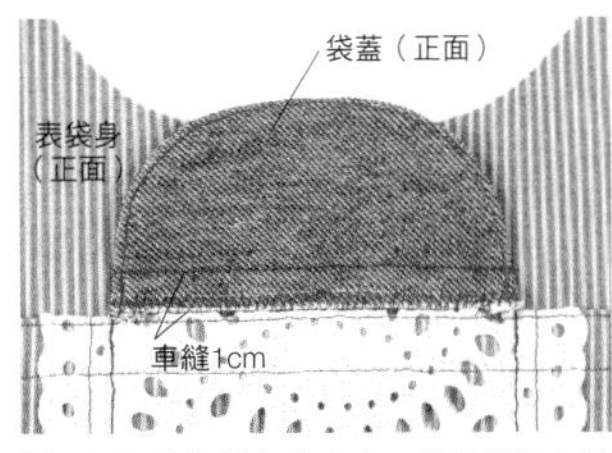

7 將袋蓋縫於表袋身上。使有熨燙布襯之袋蓋側與表袋身正面相對車縫。

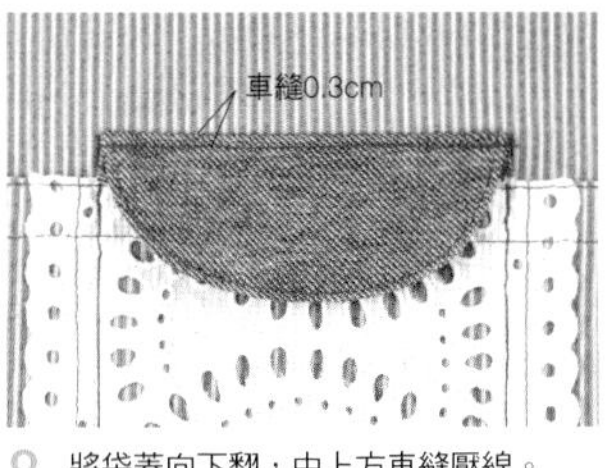

8 將袋蓋向下翻，由上方車縫壓線。

4.車縫兩側

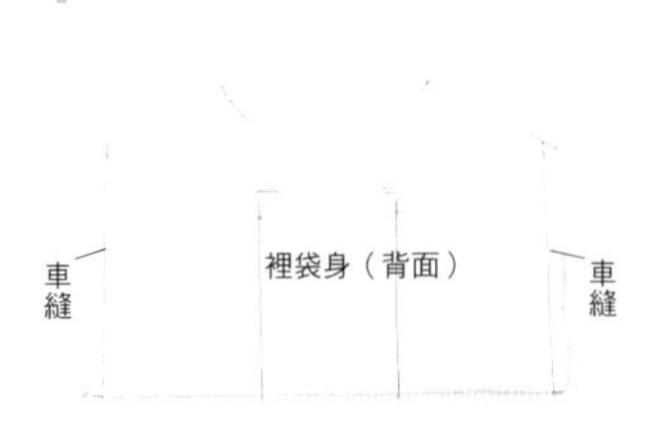

9 將表袋身正面相對車縫兩側，並燙開縫份。

5.車縫底角

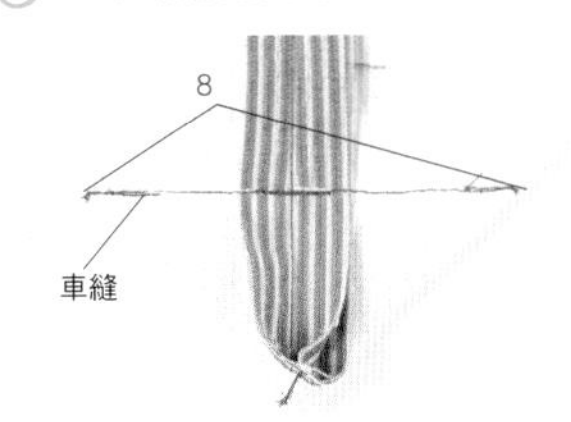

10 車縫8cm的底角。

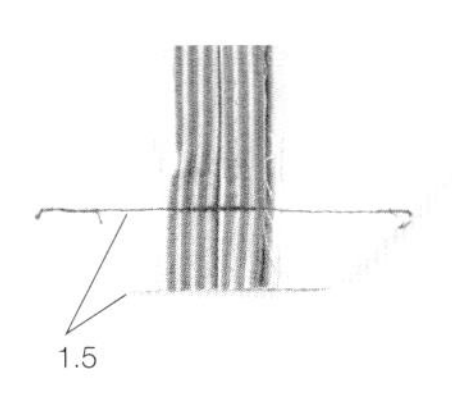

11 將底角縫份修剪至1.5cm。

6.製作內口袋

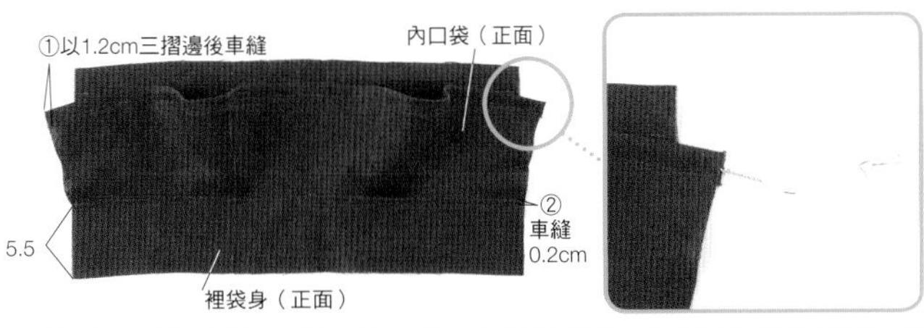

12 與外口袋製作相同，先將口袋之袋口處以三摺邊車縫，底部進行Z字形車縫後，並縫製於裡袋身。使用穿帶器，將鬆緊帶穿過口袋袋口，只須將鬆緊帶末端縫合固定，就不易鬆脫了唷！

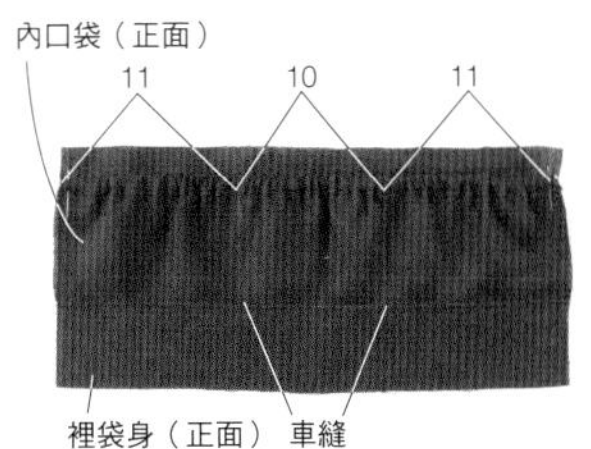

13 以珠針固定邊緣，將內口袋之合印記號對齊圖中位置，車縫分隔線。與步驟**4**相同，須進行回針。

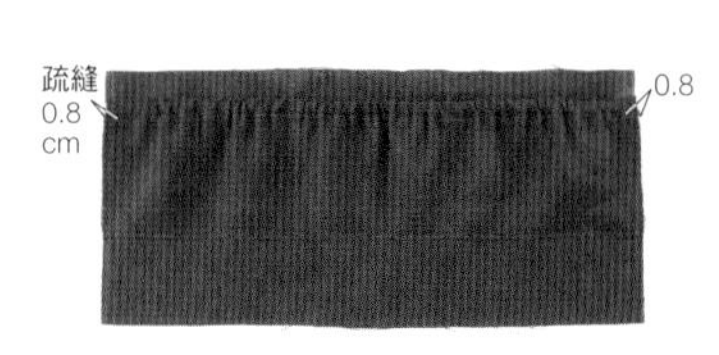

14 將側邊疏縫固定於縫份處。

7.製作裡袋

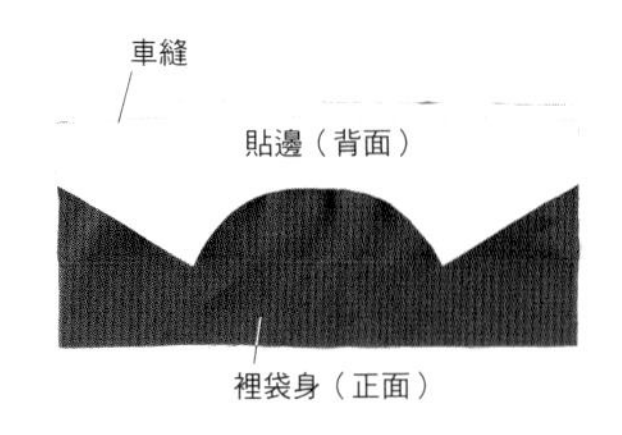

15 將裡袋身和貼邊正面相對車縫。縫份倒向袋身。

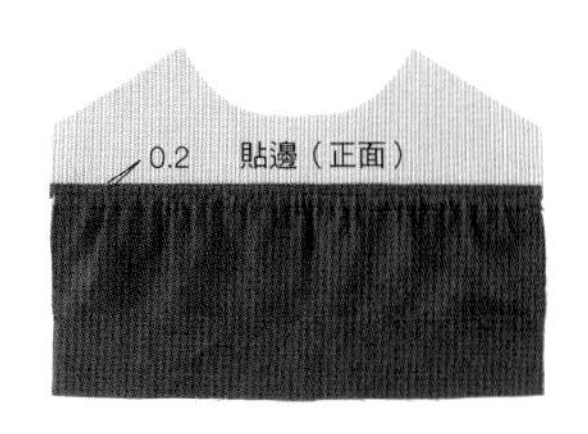

16 由正面於內口袋側進行壓線。另一側不縫製口袋，將裡袋身和貼邊縫合後，進行壓線備用。

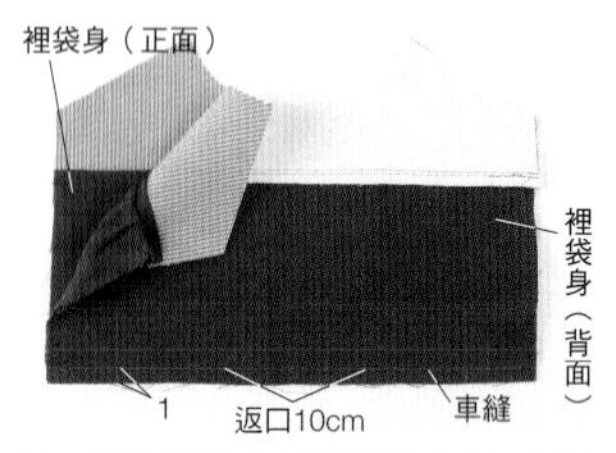

18 將裡袋身正面相對車縫底部，並留一返口。

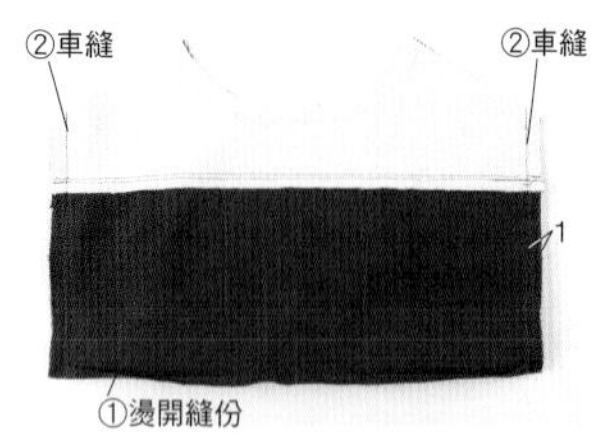

19 將底部縫份燙開，車縫兩側。

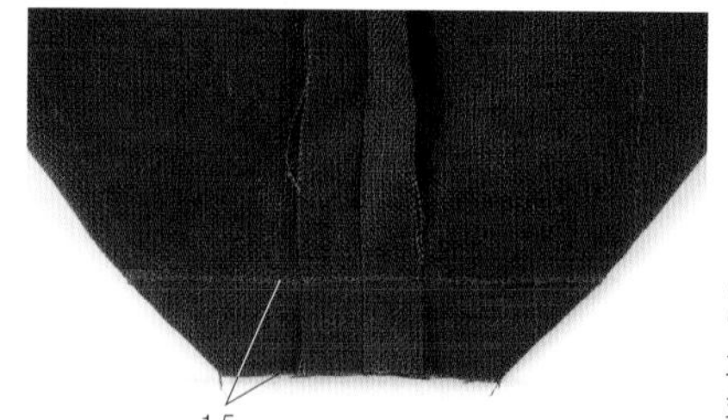

20

車縫8cm的底角，並將縫份修剪至1.5cm。

8. 製作釦絆

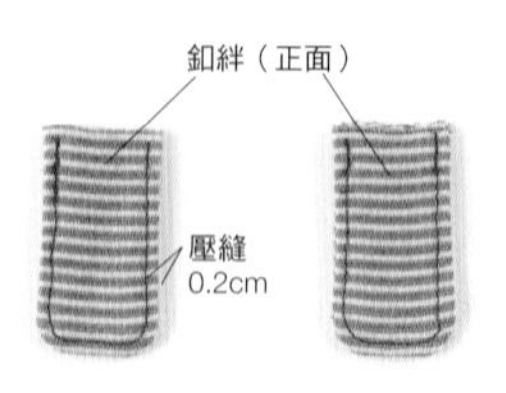

21 將釦絆正面相對縫合，修剪縫份至0.5cm後翻至正面，進行周圍U字形壓線。

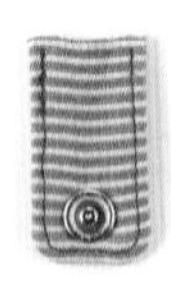

22 安裝四合釦。

Point

★四合釦的安裝方法

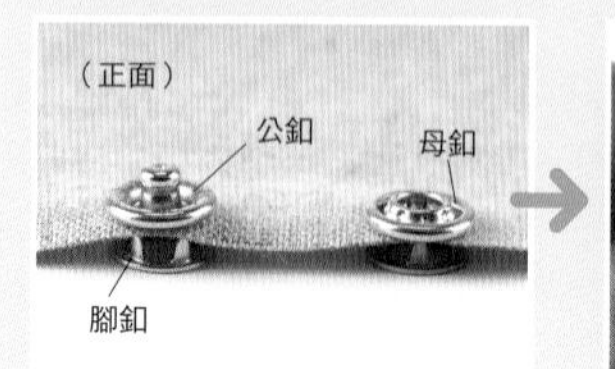

將腳釦、布料、公釦（凸）或母釦（凹）的順序朝上疊放。

放置打具並以鐵鎚敲合固定。須使腳釦完全彎曲才是正確安裝唷！

9. 製作提把並固定

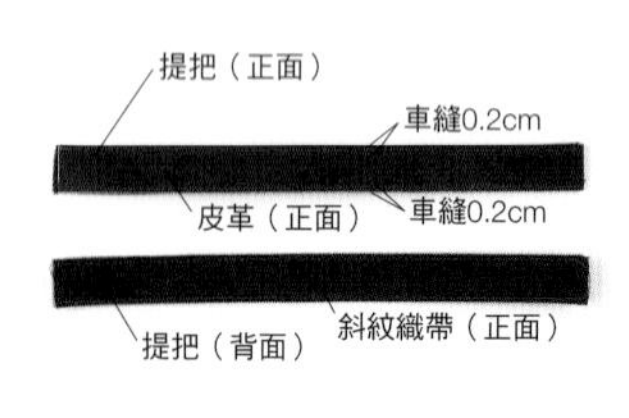

23 疊合皮革和斜紋織帶，於邊緣進行車縫。

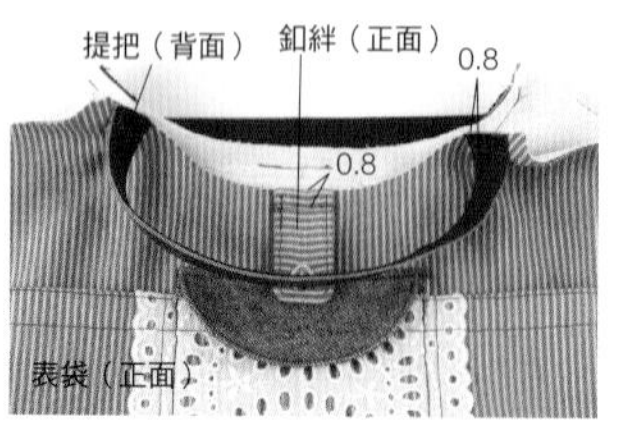

24 將提把與釦絆疏縫固定於表袋上。

10. 車縫袋口

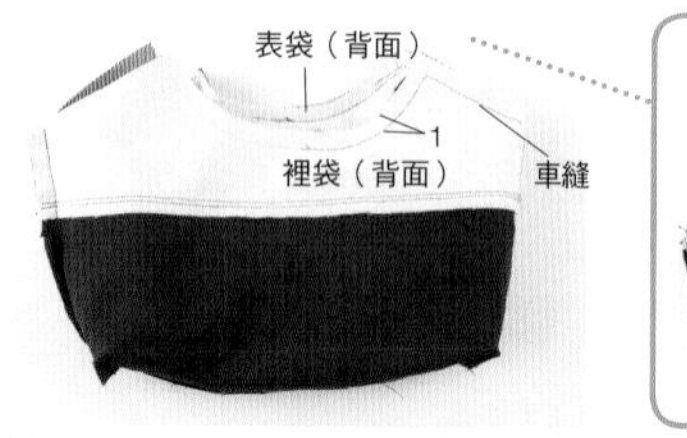

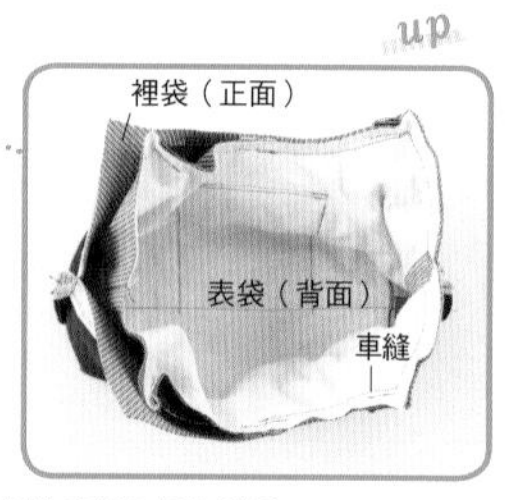

25 將表、裡袋正面相對套入，車縫半圈。須注意避免提把拉扯。

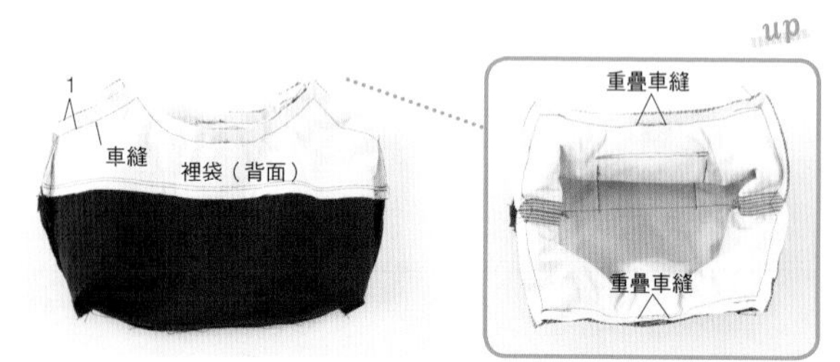

26 縫合另一側半圈，同樣須注意避免縫入提把。始縫處和止縫處重疊於之前縫好半圈之縫線上。

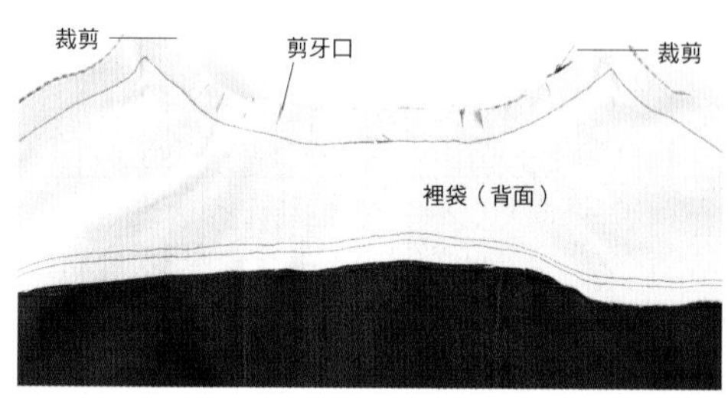

27

為了製作出漂亮布角，須修剪邊角。而圓弧處則以剪牙口的方式，避免翻至正面時布料起皺。

11. 翻至正面&袋口車縫壓線

28 由袋底返口拉出布料翻至正面。

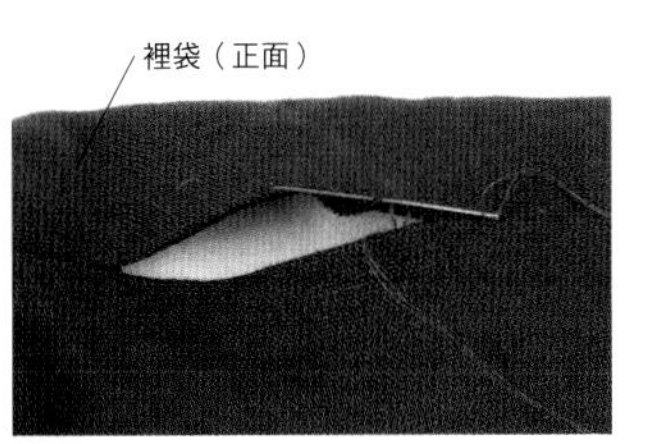

29 縫合返口。

30 將裡袋套入表袋中，整理袋型並於袋口處車縫壓線。

31 將裝飾釦安裝於袋蓋即完成。

Sewing Dictionary

縫紉用語集

縫紉中有許多專業用語，在此介紹手作人必學的縫紉用語唷！

★合印記號
指縫合兩片以上的布料時，為防止布料歪斜的對齊記號。

★開口止點
指縫合的部分與開口的交界處。

★粗裁
指預留多餘的縫份，進行裁剪。

★粗針趾車縫
通常於抽縐時，以粗針趾進行車縫。

★車縫壓線
通常用於表布和貼邊，為避免兩片以上的重疊布料分離，由正面車縫固定的縫製作業。

★回針縫
指於始縫和止縫時，往車縫行進方向之相反處車縫2至3針，以避免縫線鬆開的縫法。

★返口
指為了之後能夠將作品翻至正面，於縫合處所預留之開口。

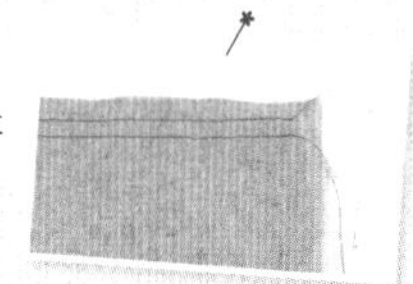

★車縫疏縫固定
指於正式車縫之前，以粗針趾於縫份上車縫固定。

★手縫疏縫
指以縫紉機進行正式車縫之前或於進行藏針縫之前，以手縫粗針縫固定的縫製作業。

★原寸紙型
指描繪實物原寸造型的紙張。於裁剪布料和繪製記號時使用。

★背面相對
指重疊兩片布料時，將兩片布料的表面朝向外側的狀態。

★縫份熨倒
指將縫合後的布料縫份一起以熨斗熨燙，使其倒向同側的動作。

★裁布圖
指裁剪布料時，以最小限度的布料長度能夠裁剪的配置圖。

★褶襉
指為使平面的布料變成立體狀態，抓取布料成尖角的形狀並縫製。

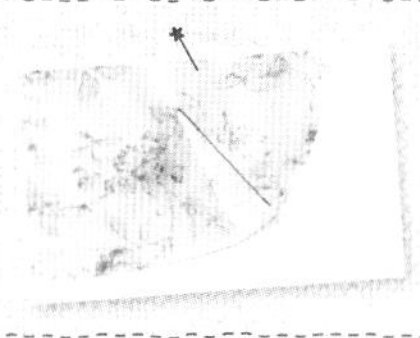

★正面相對
指重疊兩片布料時，布料表面朝向內側的狀態。

★相對
指將布料的邊緣和另一側邊緣平放對齊的動作。

★縫份
指為了縫合，於布的邊緣預留布料後，進行裁剪的部分。

★貼邊
指為了處理布邊或補強，固定於縫製完成布片背面的布料。

★三摺邊
指將布邊摺疊兩次，呈現三片重疊的狀態。車縫摺疊後布料邊緣的作業稱為車縫三摺邊。

★縫份攤開
指將縫合布料後之縫份倒向兩側的動作。

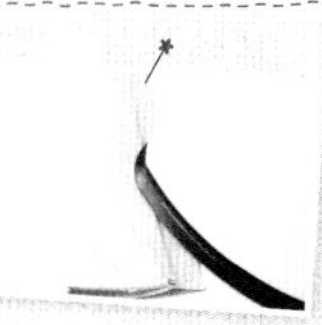

Tool Type 難易度 ★★

附化妝包袋中袋

袋型設計稍高的尺寸，收納空間超大，
可放入每天使用的
記事本、眼鏡盒或化妝品等，
另外製作同一系列的化妝包，使用更加方便。

● 作法（LESSON10）→P.90

DESIGN&MAKE／Yukari Nukada（Navy Blue）
布料提供／check&stripe（圓點花樣）　護唇膏／AWABEES

將平常容易弄丟的零碎物品就放入化妝包內吧！

裡袋設計了許多口袋，方便收納整套的化妝保養品。

於袋身加上提把穿口，形成穿入皮革帶的設計。

後袋身外側也附有口袋。方便收納經常使用的物品。

(Lesson 10) 袋中袋

完成尺寸
寬×高×袋底寬：約30×23×10cm

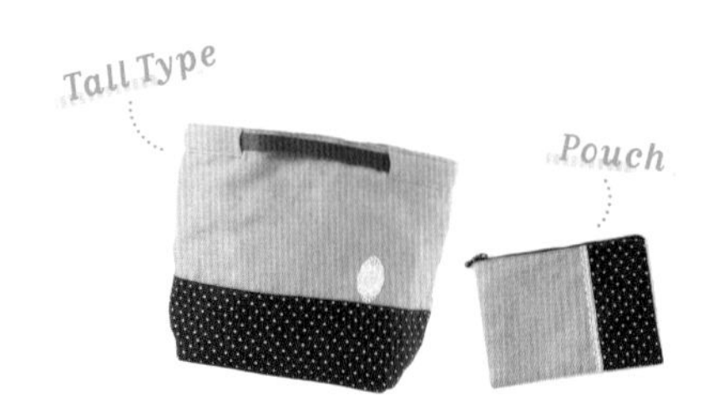

Basic

材料

- 素面亞麻布 ……… 100×75cm
- 花朵圖案布 ………… 40×15cm
- 寬1.5cm的皮革帶 ……… 65cm
- 紫色圓點亞麻布……… 45×30cm
- 造型蕾絲片 ………………… 1片
- 直徑9mm的鉚釘 …………… 2組
- 拉鍊　18cm ………………… 1條
- 寬0.8cm蕾絲 …………… 15cm

※（　）中的數字為縫份尺寸。
除指定處之外，縫份皆為1cm。

裁布圖

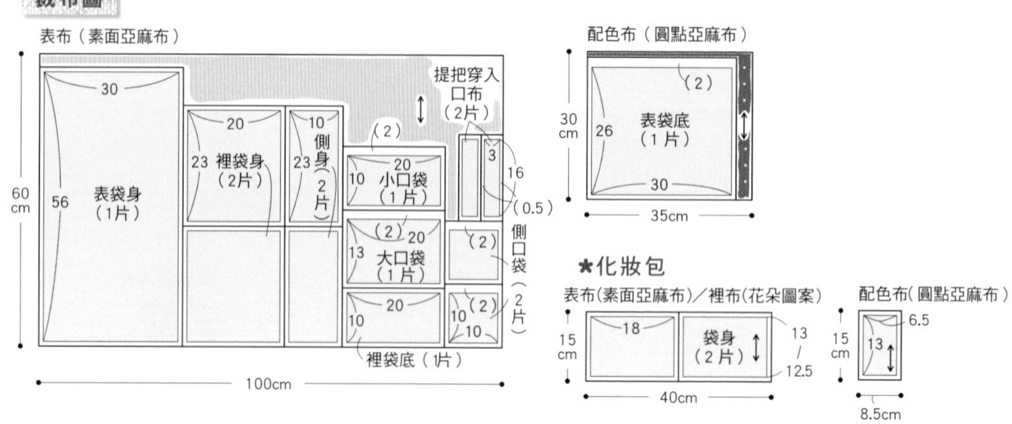

1. 製作表袋

表袋底（背面）

up

Down

1 表袋底的上側先摺入1cm再摺入1cm，完成三摺邊，下側則以1cm對摺後，分別車縫。

2 將表袋底車縫固定於表袋身。參考下圖，同時也車縫口袋分隔線。

口袋的分隔位置

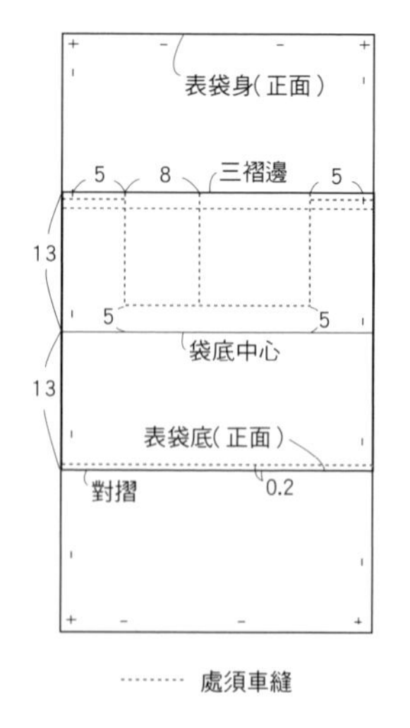

……… 處須車縫

車縫 1cm

1

車縫

對摺線

3 將表袋身正面相對車縫兩側。

10

車縫

修剪多餘布角。

1

4 燙開側邊縫份，車縫10cm底角，並修剪縫份至1cm。

2. 製作裡袋

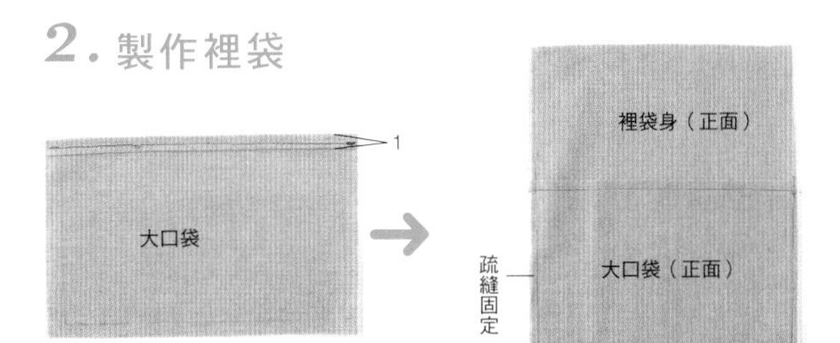

5 將大口袋之袋口處先摺入1cm再摺入1cm，以三摺邊車縫固定於裡袋身。

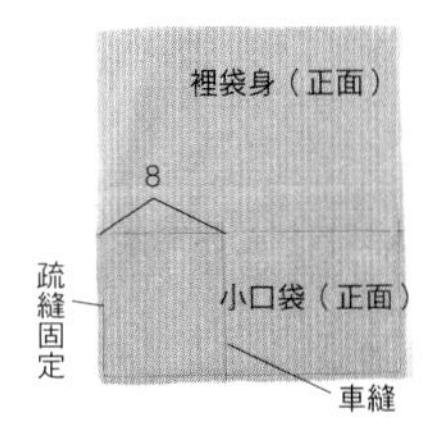

6 小口袋之袋口同樣以1cm三摺邊車縫，完成後固定於另一側裡袋身，並車縫分隔線。

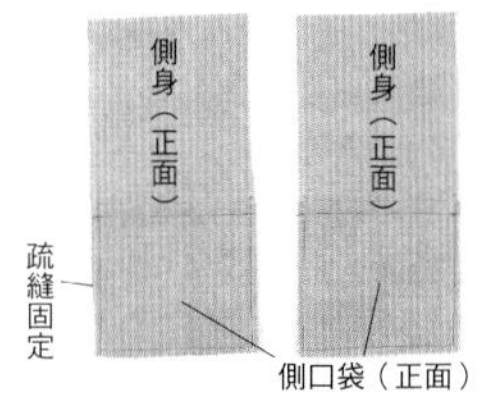

7 側口袋之袋口處同樣也以三摺邊車縫，並疏縫固定於側身上。

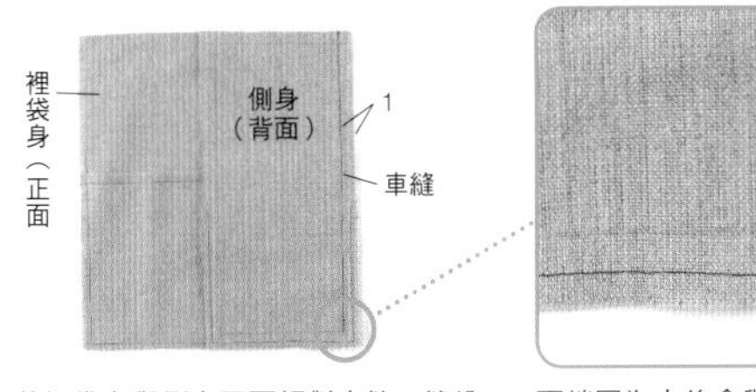

8 將裡袋身與側身正面相對車縫，縫份1cm，並於後袋身的一側預留10cm的返口。

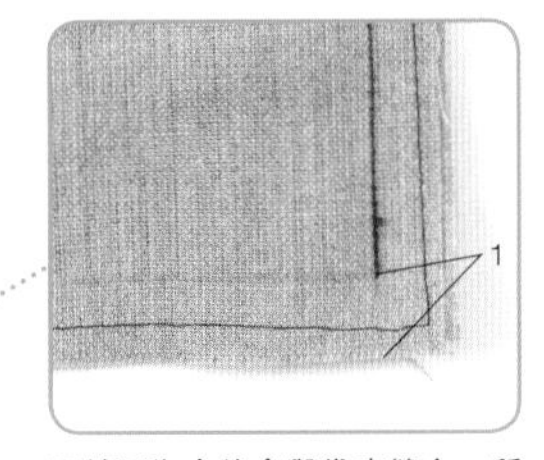

下端因為之後會與袋底縫合，所以預留1cm暫時不縫。

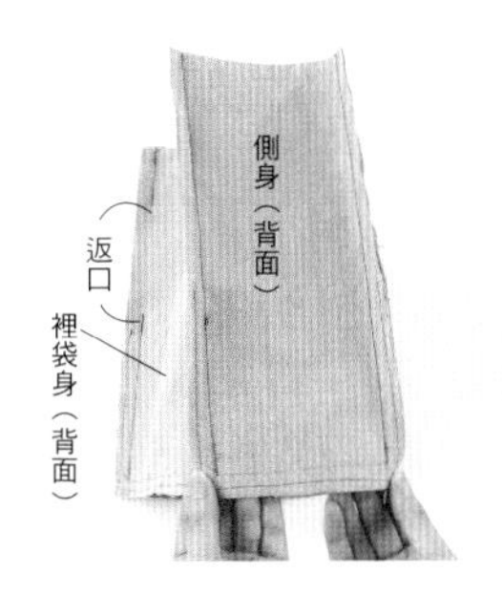

9 裡袋身和側身縫製完成。

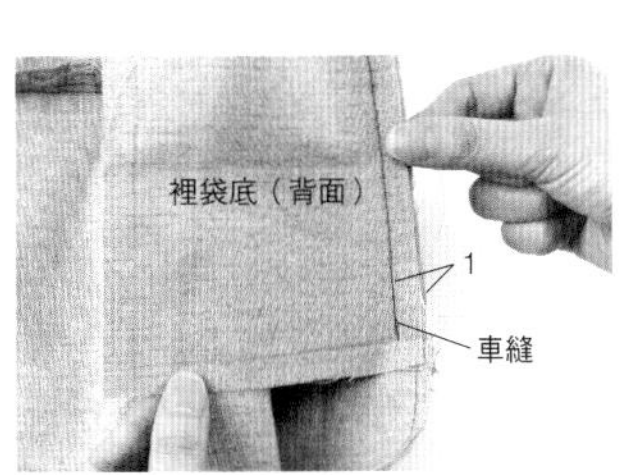

10 將步驟**9**與裡袋底正面相對車縫，縫份1cm。

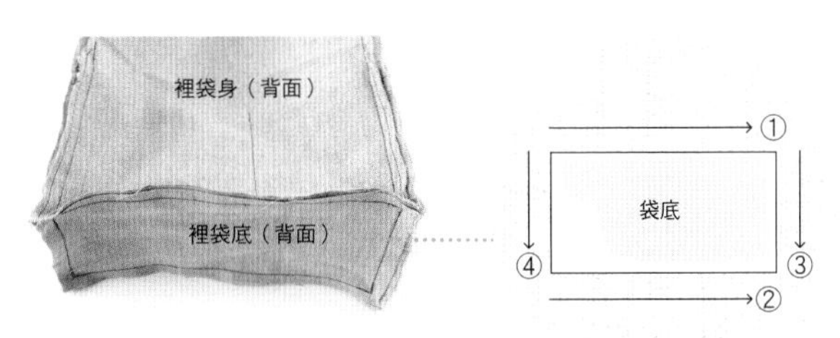

11 先接縫長邊後，再接縫短邊，依此順序將四邊車縫完成。

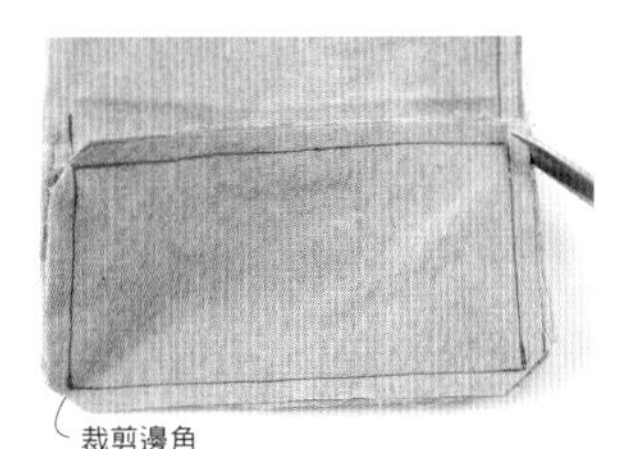

12 縫合裡袋底後，修剪邊角縫份。

3. 組合表袋&裡袋

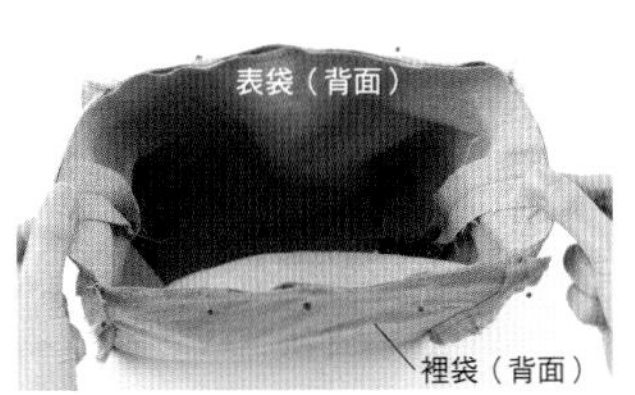

13 將表袋和裡袋正面相對套入。使大口袋位於前面，小口袋位於後面。

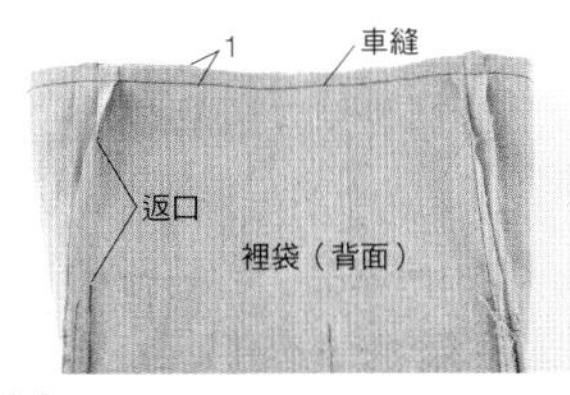

14 車縫袋口，縫份1cm。

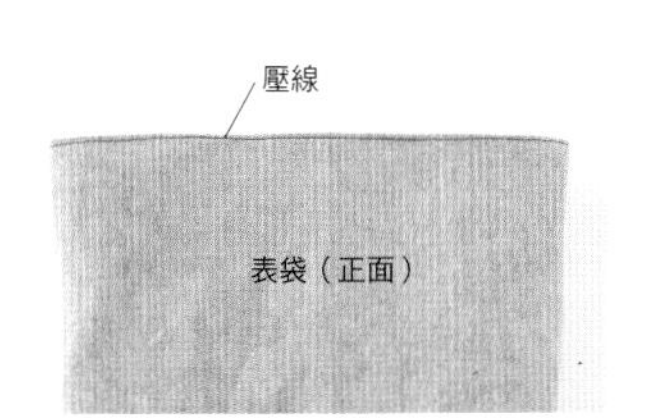

15 由返口翻至正面後整理袋型，並於袋口處進行壓線。完成後，記得縫合返口唷！

4・加上提把穿入口＆並穿入提把

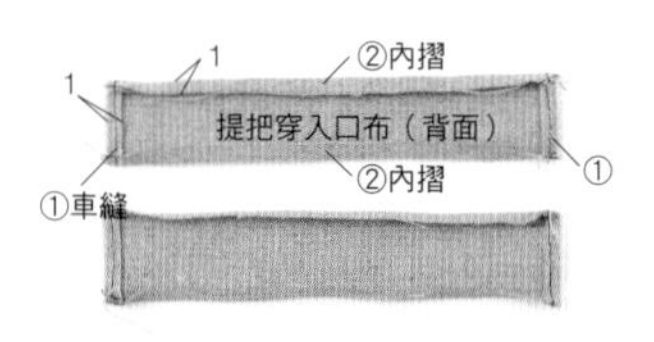

16 將提把穿入口布的兩側內摺1cm。再將上、下端內摺1cm。

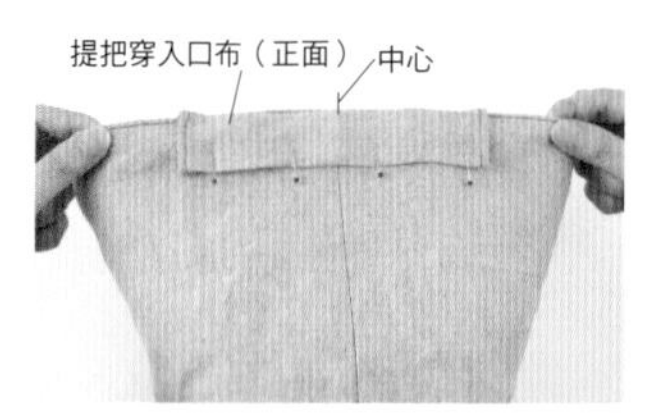

17 將提把穿入口中心對齊表袋側邊的縫線，並以珠針固定。

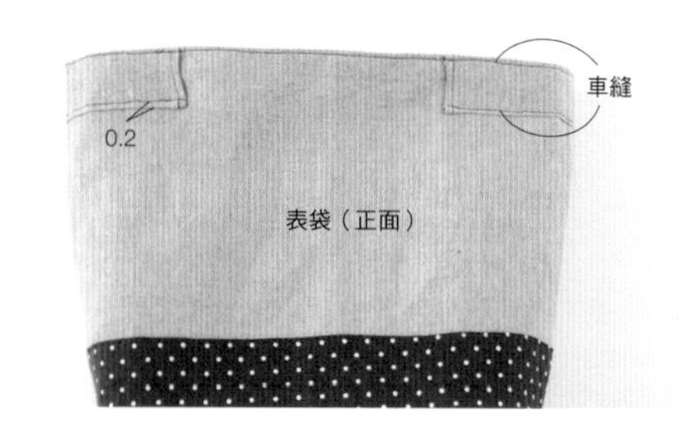

18 車縫上、下側，左、右側也以相同方式進行車縫。

19 將皮革帶穿入提把穿入口，以鉚釘固定。（鉚釘的安裝方法請參考P.12）。

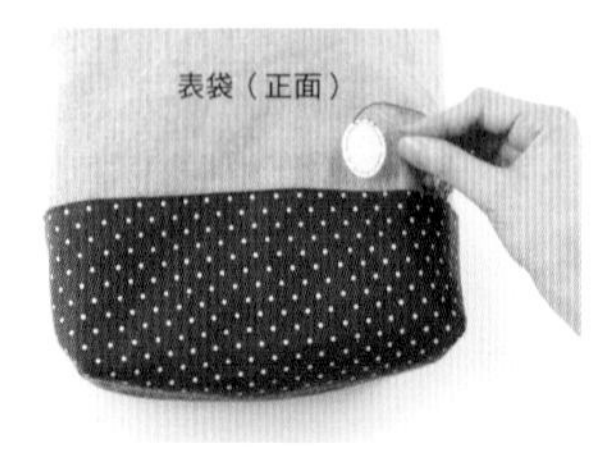

20 將造型蕾絲片縫於前袋身。

5・拉鍊化妝包的製作方法

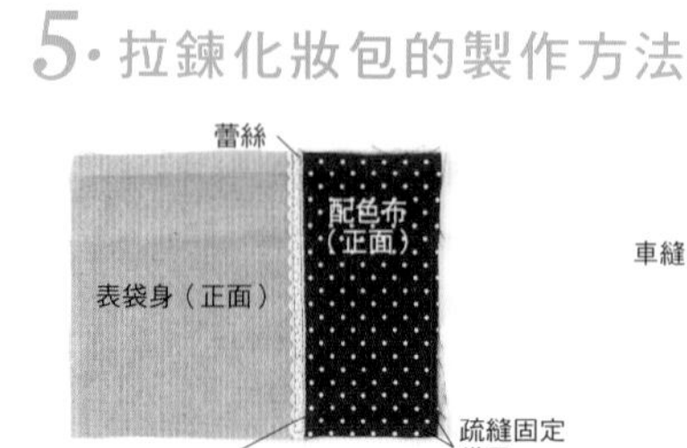

21 以表布與配色布夾車蕾絲，配色布之布邊以疏縫固定。

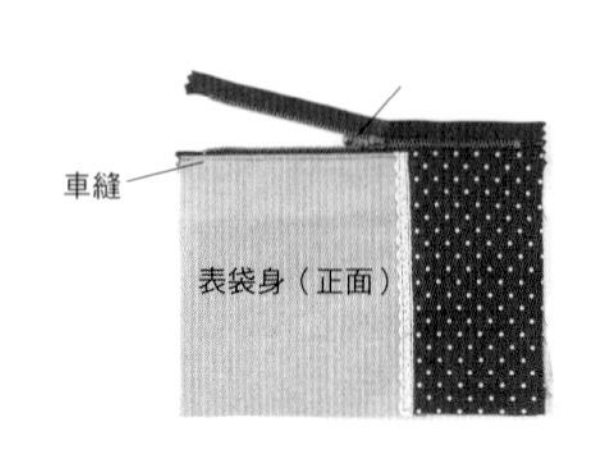

22 將表袋身的上端摺入至完成線，重疊於拉鍊上方，並由正面壓縫。

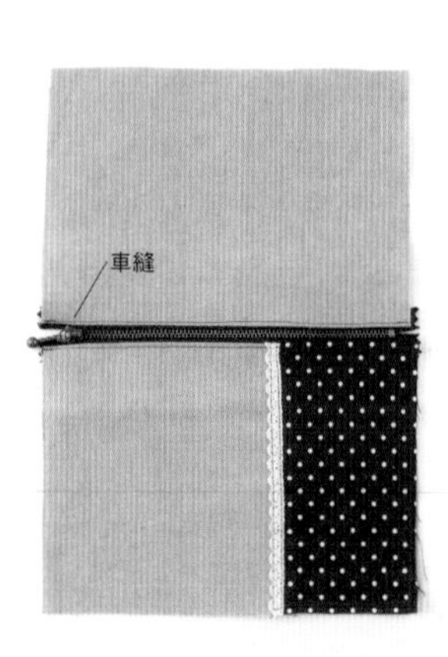

23 另一側也依相同方式縫製。

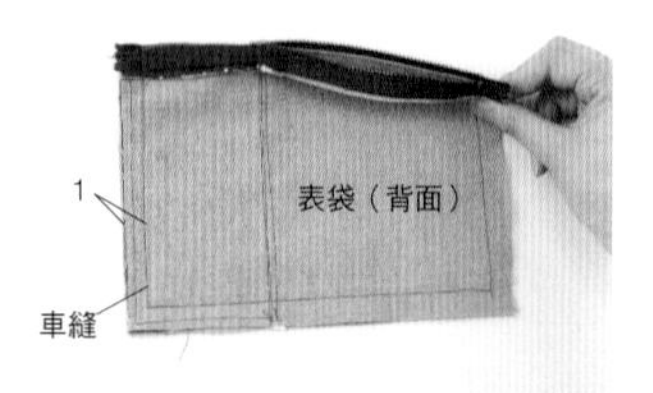

24 將表袋身正面相對車縫縫份1cm。此時需先將拉鍊拉開（作為返口）。

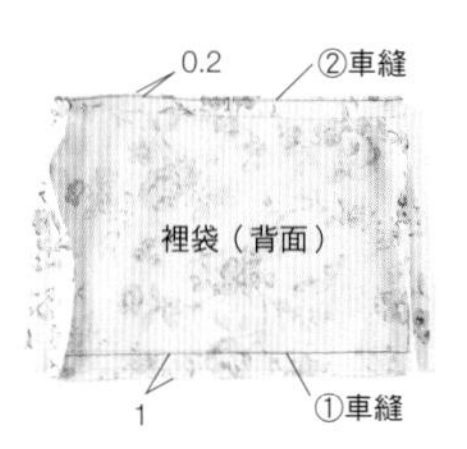

25 裡袋也依相同方式製作。正面相對車縫周圍並將縫份燙開，袋口摺入至完成線後，壓縫一圈。

26 完成表袋和裡袋製作。

27 將表袋翻至正面，裡袋與表袋背面相對套入，並對齊側邊，將裡袋口以手縫固定於拉鍊上即完成。

方便使用的袋物和口袋尺寸

本單元將介紹經常使用的袋物與口袋尺寸，
依不同需求改變尺寸，嘗試加上口袋增添變化，能使包包使用起來更加方便唷！

〔袋物的尺寸… 平日外出或小旅行皆可使用的尺寸〕

★便當袋

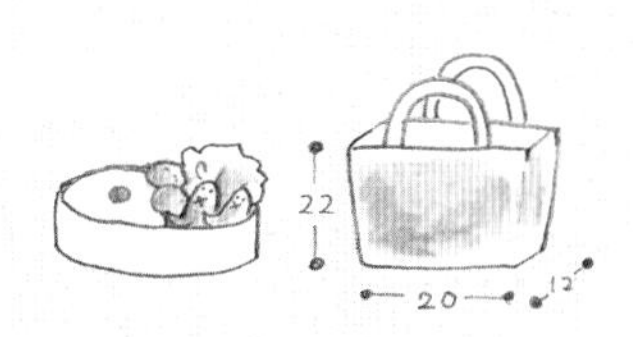

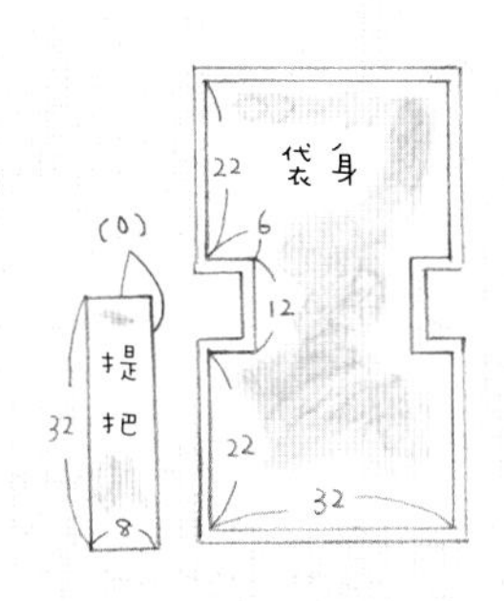

★A4尺寸包包（與基本款袋物相同尺寸）

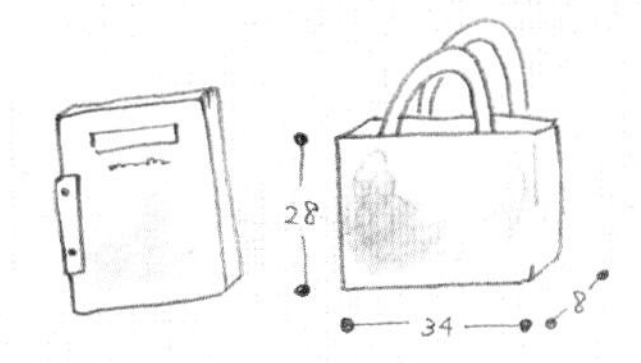

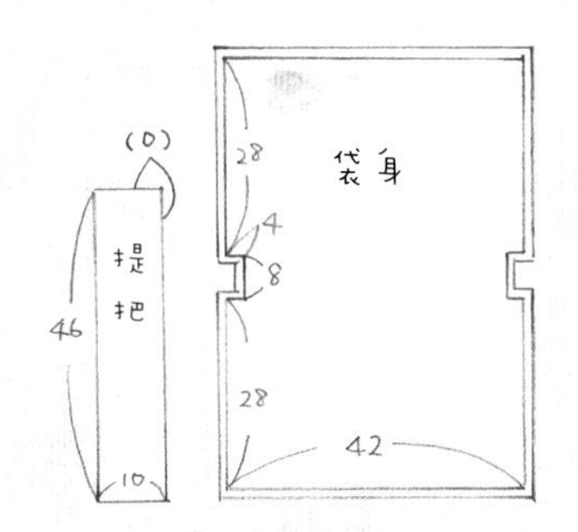

★兩天一夜旅行包

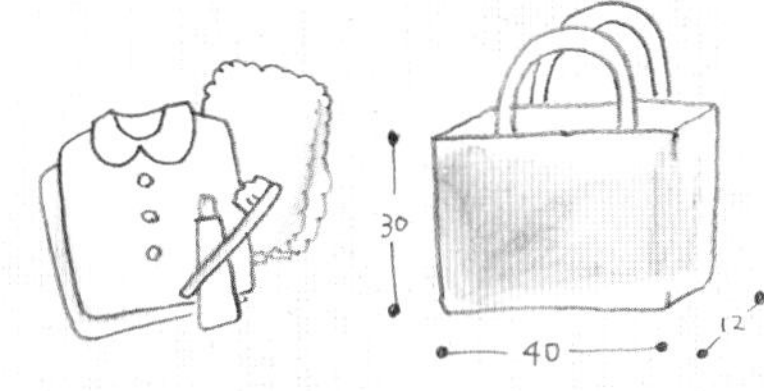

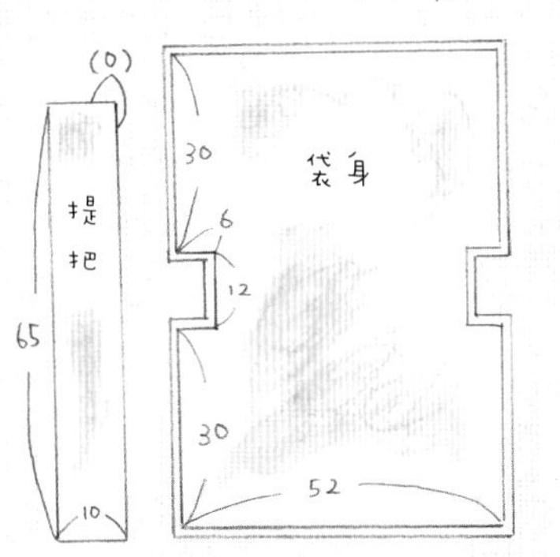

〔口袋的尺寸… 收納卡片或手機等想迅速拿取物品的口袋尺寸〕

★卡片

口袋之袋口處先摺入1cm再摺入2cm至完成線，進行三摺邊車縫，完成後即可車縫於喜歡的位置上。

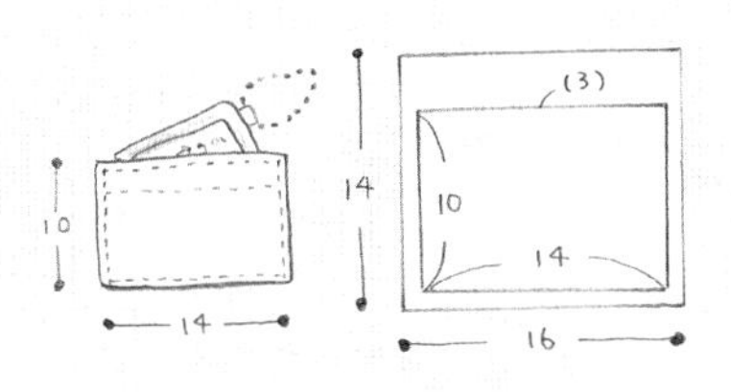

★卡片+原子筆

縫製口袋完成後，再車縫兩道分隔線。

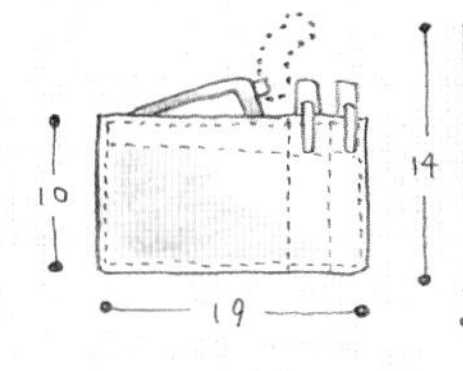

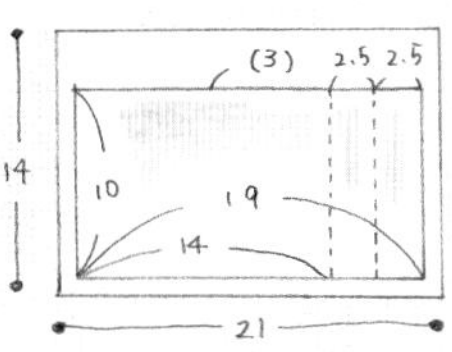

★手機

想放入具有厚度的物品時，須車縫褶襉以製作立體的口袋。

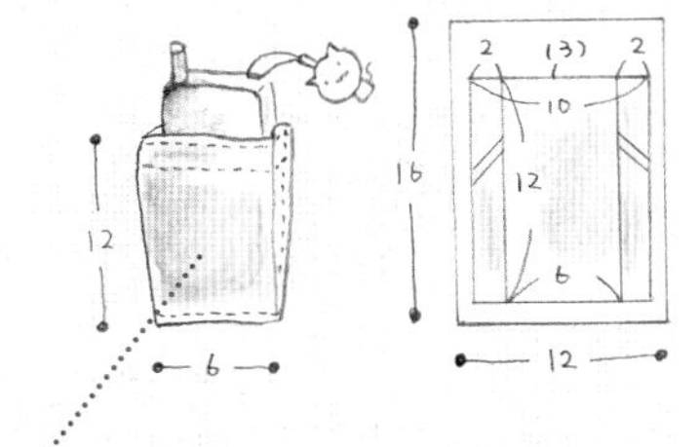

How to make

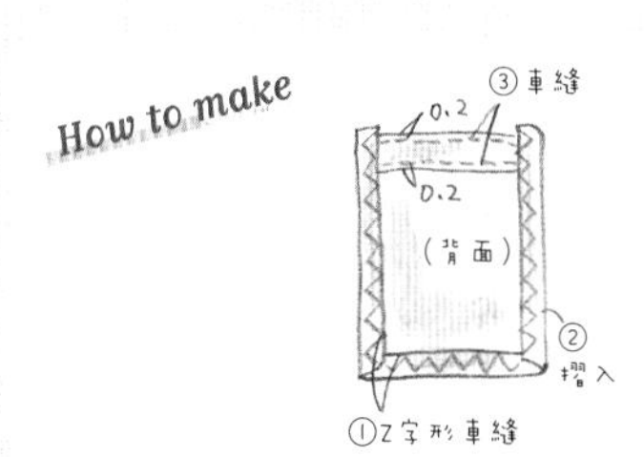

1 將口袋之袋口以三摺邊車縫，其餘三邊則摺入至完成線。

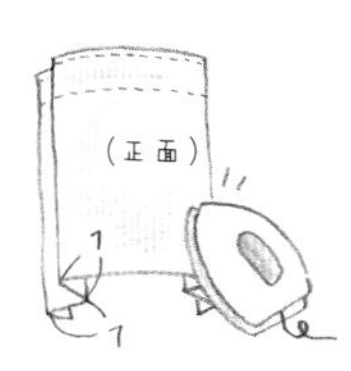

2 於兩側車縫褶襉。

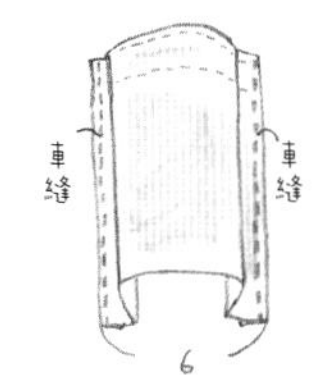

3 將兩側車縫於希望加上口袋的位置。

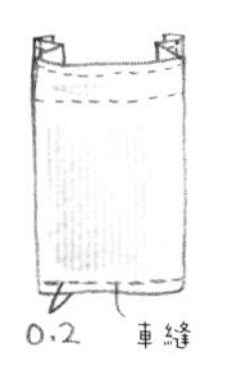

4 車縫底部完成固定。

10. charm

迷你包造型吊飾

運用剩餘的布料即可製作的小吊飾，
依搭配的五金配件不同，即可變身成為各式各樣的裝飾小物，
讓人忍不住想帶著吊飾與包包一起外出散步呢！
以下皆為實品大小。

Brooch 難易度 ★

胸針

可愛的紫色圓點布迷你包造型吊飾，
只需運用稍大的C型圈固定於胸針上，
再加入英文字母吊飾，即可輕鬆完成。

Bag charm 難易度 ★

袋物吊飾

黑色的迷你包造型吊飾，
於縫製袋身之前，先以蕾絲點綴布料，
再以C型圈勾於袋物吊飾的五金配件上。

How to Make

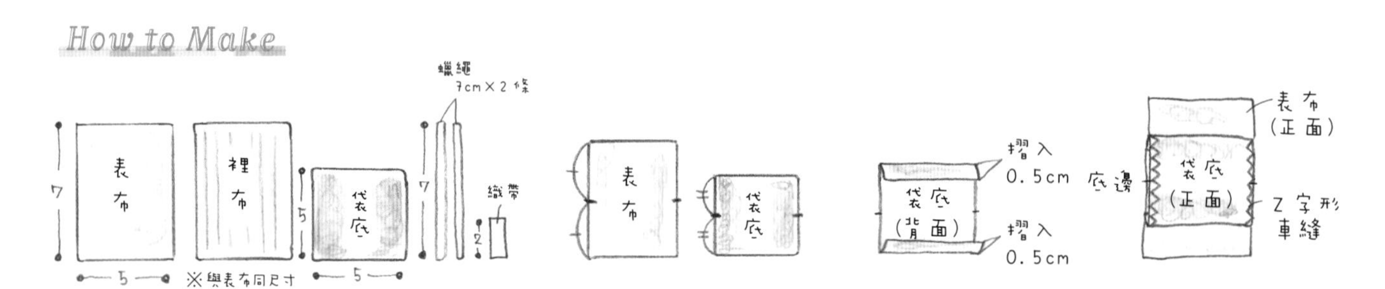

1 準備所有布片與材料。

2 於表布和袋底之底邊製作平分記號。

3 將袋底兩端向內摺入0.5cm。

4 對齊表布和袋底的底邊記號，於兩側進行Z字形車縫。

Key holder 難易度 ★

鑰匙圈

清爽的水藍色迷你包造型吊飾，
搭配鏤空配件點綴，
再運用C型圈固定於鑰匙圈的五金配件上就完成了。

Strap 難易度 ★

手機吊飾

使用花朵圖案作為袋底拼接的迷你包造型吊飾，
以鐵絲固定合成樹脂人造花，
並將手機吊繩串連於金屬環上。

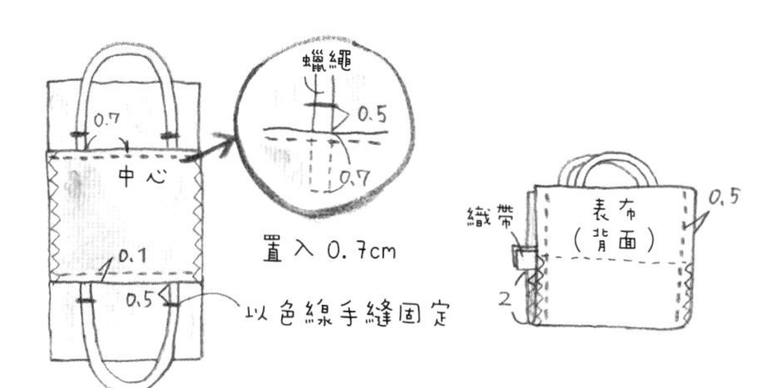

5 將蠟繩置入袋底和表布之間車縫。

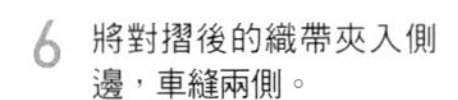
6 將對摺後的織帶夾入側邊，車縫兩側。

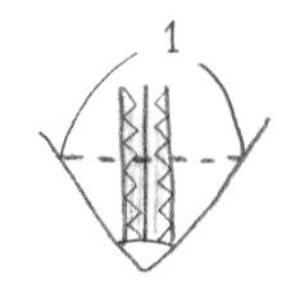

7 燙開側邊的縫份，車縫底角。

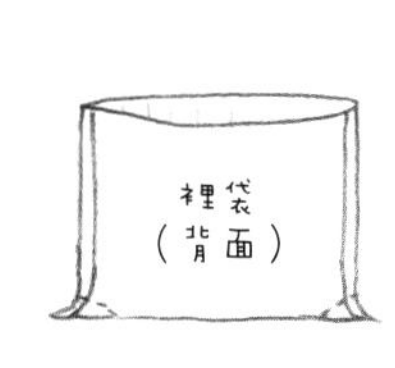

8 車縫裡袋的兩側和底角。

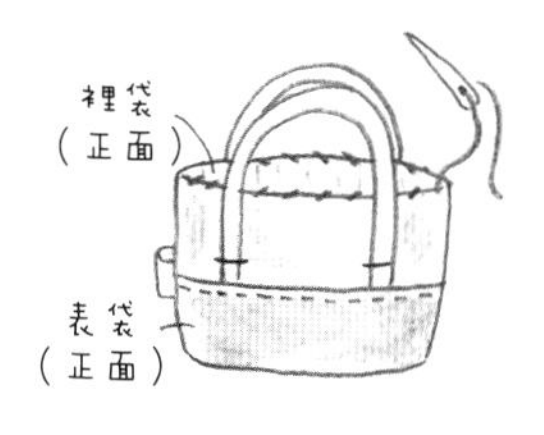

9 將表、裡袋之袋口摺入0.5cm，背面相對車縫袋口一圈。

Design&Make

岡田桂子（flico）
http://flico-clothing.jp/
＊くぼでらようこ（dekobo工房）
http://www.dekobo.com
＊赤峰清香
http://deuxpom.com
＊額田ゆかり（Navy Blue）
http://www7a.biglobe.ne.jp/~chocomint
＊杉野未央子（komihinata）
http://komihinata.hp.infoseek.co.jp
＊片岡久代（Peachmade）
http://www.peachmade.com
＊KAOCHI（Mammy Jewel Box）
http://mammy-jewel-box.ocnk.net/（本店）
http://store.shopping.yahoo.co.jp/
mammy-jewel-box/index.html（Yahoo!店）
（依本書中出現順序）

【Fun手作】75

手作人最愛の35款
機縫手作包（暢銷版）

作　者／日本ヴォーグ社
譯　者／亞里
發 行 人／詹慶和
總 編 輯／蔡麗玲
執行編輯／陳姿伶
編　輯／蔡毓玲・劉蕙寧・黃璟安・李佳穎・李宛真
封面設計／陳麗娜
美術編輯／周盈汝・韓欣恬
內頁排版／造　極
出 版 者／雅書堂文化事業有限公司
發 行 者／雅書堂文化事業有限公司
郵政劃撥帳號／18225950
戶　名／雅書堂文化事業有限公司
地　址／220新北市板橋區板新路206號3樓
電　話／(02)8952-4078
傳　真／(02)8952-4084
網　址／www.elegantbooks.com.tw
電子郵件／elegant.books@msa.hinet.net

2016年11月二版一刷　定價 350 元

ICHIBAN YOKU WAKARU MAINICHI TSUKAITAI BAG

Photographer:Akane Kubota.
Designers of the projects in this book : Keiko Okada, Yoko Kubodera, Sayaka Akamine, Yukari Nukada, Mioko Sugino, Hisayo Kataoka, Kaori Yamagishi.
Original Japanese edition published in Japan by Nihon Vogue Co., Ltd.
Traditional Chinese translation rights arranged with Nihon Vogue Co., Ltd.
through Keio Cultural Enterprise Co., Ltd.

總經銷／朝日文化事業有限公司
進退貨地址／新北市中和區橋安街15巷1號7樓
電話／(02) 2249-7714　傳真／(02) 2249-8715

國家圖書館出版品預行編目資料

手作人最愛の35款機縫手作包（暢銷版）/ 日本ヴォーグ社著；亞里譯.
-- 二版. -- 新北市：雅書堂文化, 2016.11
面；　公分. -- (FUN手作；75)
ISBN 978-986-302-340-1 (平裝)
1.手工藝 2.手提袋
426.7　　105020176

縫紉新手
也能輕鬆學會唷！

縫紉新手
也能輕鬆學會唷！